② 探秘机械国

孔云峰 沈韵 左文 / 著

朱相东 / 绘

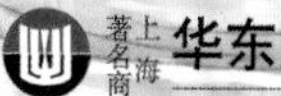

华东师范大学出版社

全国百佳图书出版单位

[illegible]队员集

贾斯汀

队长，国家的首席科学家，有冒险精神，致力于科学技术研究，让科技改变人类是他的心愿。在国家发生能源危机和生态危机时，他挺身而出，带队前往神秘的能源国探险，寻找新能源。

虽然做事有点磨叽，也不像年轻人那么冲动、热血，但他——才是一个有担当的探险队队长。

贾墨

他在某些方面是个天才。他的父母都是天体物理学家，因为基因的原因，贾墨古灵精怪，有很强的动手能力、强烈的好奇心，爱探索。当然，天才有时候不好好听课，不爱背书，成绩有点渣。

他热情助人，是探险队的外交家。别看人小，冲锋在前的可都是他哦！

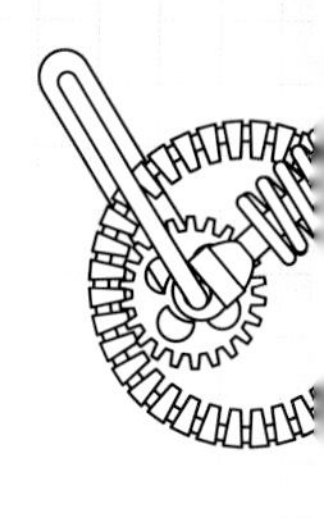

孔德林

机械国王子，冲动、热情、性子急，想到事就去做，执行力强。当然有时很鲁莽，有点爱闯祸。他不爱学习，不爱背书，是动手的达人。虽然他有时对知识一知半解，但爱炫耀。他在一次逃跑途中遇上探险队，被贾墨和克里斯吸引。没办法，天才总是要互补的。于是，他成了四翼奇探的一员。

克里斯

传说中的学霸。她是贾墨幼儿园同学，小学三年级时，她离开了就读的小学，连好朋友都不知道她去了哪里。

原来，克里斯的父母探险去了，所以她就跟着爷爷墨菲教授来到神秘的能源国。克里斯是实验室的学霸，她甚至能加入爷爷的科研团队呢！当然这个学霸常常光说不做，不过，有什么关系，探险队也是需要理论家的。

四翼奇探

探秘机械国

目 录

科学（Science）
技术（Technology）
工程（Engineering）
数学（Mathematics）

谨将此书献给爱科学的孩子们，
希望此书能激发你们
探究科学的兴趣，
学会用实验验证思维。

四翼奇探，

我们是科学探险小队。

我们的口号是：
科学技术带你走进奇妙的世界。

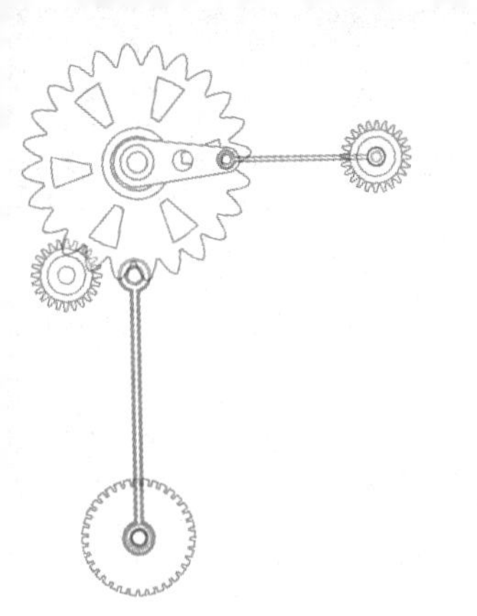

1

不安分的王子

急促而又沉重的脚步声伴随着地面的震动从走廊的一头传来，躺在松软的床垫上的孔德林微微睁开了眼睛。阳光直接照射下来，他再一次闭上眼，他是多么想在这儿再多躺一会儿，这可能是他这几个月以来睡得最安稳的一次，他现在什么都不愿去想，他只愿意睡得久一些，再久一些，他实在是太累了。然而，脚步声渐渐近了，两个又高又壮的士兵很快站到了他的面前，暖暖的阳光被他们挡得死死的，只留下两个黑色的影子像两大片乌云一样压在孔德林身上。

“什么事？都不让我再睡会儿！”

“呃……”士兵很不好意思地说，“王子殿下，国王紧急召见！”

父亲很久没看到我了，他也一定很着急想知道我这几个月里发生了什么吧。心里这样想着，孔德林翻身站了起来，理了理衣服上的皱褶，他跟随两位士兵来到了宫殿。

宫殿依旧是他离开时的模样，其实很小的时候，他每天都会在宫殿里玩耍，像一只鸟儿一样到处乱飞乱窜。卫兵和宫女们为了抓他没少受他的捉弄，他常常抓住一块长长的斜面板（课外小知识 1），“哧溜”一下从几十层台阶上滑了下去，等他到了下面，回头只看到一群人连滚带爬地追，可怎么也追不上他。他摸过这里每一块他够得着的石头，从最底下一层到现在的第三十层，他给它们每一块都编了个号码，石头上密密麻麻都留着他做研究的记录……

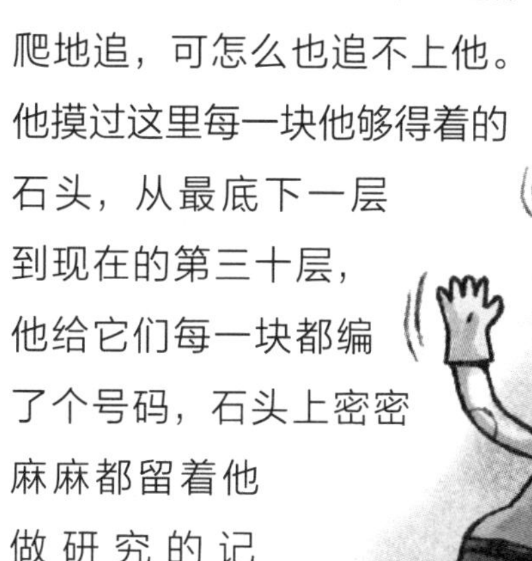

斜面

斜面是同水平面成一定倾斜角度的平面。斜面是一种简单机械，利用它，我们可以方便地把重物从低处移到高处。利用斜面提升重物可以省力，但是斜面的省力和斜面的长度成反比。在斜面的倾角一定的情况下，要想省力，就要加大斜面的长度。

斜面在生活中的应用很广，利用斜面把低处的物体搬到高处，像盘山公路，传送带等等，都是斜面的一种。

试一试

小朋友，在书中，孔德林利用斜面，从高处往低处滑。我们也可以来试一试，看看斜面是怎么帮助我们省力的。

找两块同样长度的木块，把其中一块的表面用砂纸打磨光滑。把两块木块摆放成角度相同的斜面，在底部放一个重物，试着推动重物到斜面顶部，感受一下用力的大小。

想一想，在哪个斜面推动重物用的力气更大呢？为什么？再把斜面摆成不同的角度，感受一下。

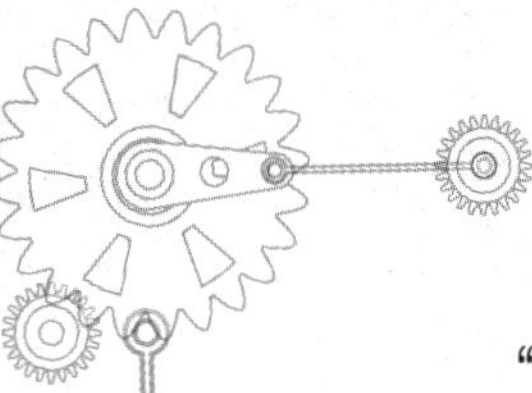

“德林，你终于回来了！”

国王的声音有些沉。话音刚落，孔德林还没来得及问好，国王已经晕倒在地上。孔德林心里一紧，赶紧上前把父亲搀扶起来，他搀着父亲回到了房间。此刻卫兵也把医生请了过来。

“马克医生，我父亲他到底怎么了？”

“哦！王子殿下，您不用担心，国王只是因为最近太累了，没有好好休息，所以才晕倒的。我开了些药，稍后让国王陛下好好休息，他会好起来的，你放心吧！”

“太累？”孔德林小声嘀咕道。但他却来不及多想，赶紧走到了父亲的床前，“爸爸，您这是怎么啦？”“没事！没事！我只是太想你了，所以这一高兴就不小心晕倒了。快和我说说你这几个月都干吗了？”

于是，孔德林这才把他如何在回来的路上遇到疯牛

追击，又如何遇到贾斯汀，并和他们组队探险，又一起到磁力国携手惩治坏人的经历原原本本说了出来。

国王靠在床边饶有兴致地听他讲那些经历，他觉得眼前这个孩子已经长大了，不再是那个整天在宫殿里嘻嘻哈哈无忧无虑的调皮小子了，尤其听到儿子和朋友们成立了“四翼奇探”科学探险队，他心里涌起一股自豪感。可是，当他听到“今川将军”四个字时，他突然激动起来，又一次晕倒了。

“父亲！父亲！”孔德林急忙又请来了医生。

“国王陛下需要休息，王子殿下，你也早些回去吧，明天国王醒了，我们一定第一时间通知你。”

孔德林回到自己的房间，虽然已经很累了，但是此刻他怎么都睡不着，既担心着父亲的身体，又在想着父亲听到“今川将军”几个字后激动的神情。

他打开窗户，夜晚有一些冷，风吹了进来，他打了一个哆嗦，对面山上的白雪在皎洁的月光照耀下分外晃眼。他记得他离开的时候那里还是一大片绿色。他最喜欢在晴朗的天气里去山下的森林打猎，其实打猎只是一个幌子，他其实是去森林里和小动物们聊天的。父亲总是忙于各种事，母亲在他很小的时候就去世了，他一个人实在太孤独了，只有那些小动物才真正懂他。

今晚，他睡不着了，于是他带上他的剑，骑上他的马又一次来到了森林。夜晚的森林并不寂静，野兽们出没其中，狼在高高的山坡上吼叫着同伴。

他发现远处似乎有一点火光，这么晚了怎么会有人在森林里呢？他把马拴在了离火光有一段距离的地方，然后悄悄地靠近，借着火光他依稀可以看到树下坐着三个男人，他们都是一身黑衣黑裤，显得格外神秘。

“这个鬼天气真是冷死了，我才不相信这个山里藏着什么秘密设计图！”

“少废话，出门的时候那位就说了，按照这张地图就能找到那个地方，看地图上的标识，那个地方应该就在这座山上，明天一早我们就上山。”说完他就把图放回了自己随身的包里。

秘密设计图？那是什么鬼，等他们睡了我去把他们的地图偷来看看，孔德林这么想着。他随即伏下身子，耐心地在树后面等。风吹过树林，发出低沉的呼啸声，让人觉得莫名地恐惧。好在没过多久，喝了酒的三人都睡着了。孔德林猫着

腰悄悄靠近他们。他的身体擦过灌木丛，不时发出沙沙声。孔德林的心都提到嗓子眼了。他屏住呼吸，他知道自己必须非常小心，要是把那三个人吵醒，就麻烦了。

那张地图就收在最胖的那个家伙身下的包里，那个包被他压得死死的，只有包带子露在外面。孔德林小心挪到胖子身边使劲把带子往外拉，可包纹丝不动。孔德林气得在心里直骂。他又想把那个胖家伙翻一个身，好让他的包完全暴露出来。可是，他实在是太重了，孔德林使出了吃奶的劲儿，他还是纹丝不动，胖子竟然还舒服地打起了鼾。这可怎么办呢？孔德林突然想起了杠杆原理（课外小知识 2）。

古希腊伟大的物理学家阿基米德曾经宣称：给我一个支点和一根足够长的杠杆，我可以撬起整个地球。孔德林想，我也不用撬动地球，现在，只要找到一根长树枝，给我一个支点，我就可以撬起这个胖子了！

他在森林里转了一大圈，找了一根坚硬的粗树枝。他又悄悄地把马鞍慢慢卸下来。他把树枝架在马鞍上，调整好位置，一头轻轻塞进胖家伙的身体下面，这样一个简便的杠杆装置就做好了。他站在树枝翘起的一头，一手抓住树枝，同时伸长脚，勾着包带子。就这样，他压下树枝的一头，力量在杠杆的传递下，在树枝的另一头推动了胖子。孔德林一勾脚，一点一点，包被他轻松抽了出来。成功！孔德林在心里给自己点

杠杆

杠杆是最简单的机械之一。平时在生活中，我们经常会用到杠杆这种机械装置。我们用筷子夹菜，用剪刀剪纸，用起子开瓶盖，这些都是在使用杠杆。

一根硬棒，在力的作用下能绕着固定点转动，这根硬棒就是杠杆。

试一试

小朋友，在书中，孔德林利用了杠杆原理，撬起了胖子，拿出了包。你们也可以试一试。找一根筷子做杠杆，找一块橡皮擦做支点，去撬动一本厚书或者一个铅笔盒。可以体会一下，支点在不同的位置时，手上用力的大小；或者，筷子长度不一样时，手上用力的大小。

小朋友，你用杠杆设计了什么样的实验呢？在下面的方框里，画出你的设计图吧！

了一百个赞！

再看看胖子，竟然还睡得死沉沉地打着呼，根本没有半点察觉。他的另外两个同伴嘟囔着翻了个身，又继续沉入梦乡。孔德林想，说不定明天这几个人会认为这个包被森林里的哪个小动物拿走了吧。他迅速把树枝扔回树林里，然后放好马鞍，拿着包，神不知鬼不觉地出了树林。

回到王宫，孔德林迫不及待打开了地图，只见地图上画着一片树林和山，在山上还有一个标记。凭着他对后面那片山林的熟悉，他马上发现这张地图画的就是这片山林，错不了！而那个打了记号的地方，应该就在山上。孔德林很好奇，那山里究竟藏了什么。他想，看来明天他还得上山一次，探个究竟。

“德林王子，国王他醒了。”一清早，侍卫就急急忙忙赶来汇报。

孔德林穿好衣服立刻赶去，父亲看起来比昨晚略有精神，情绪仍旧很激动，他眼神里满是回忆。他把孔德林叫到了床边。

德林，你已经长大了，从你这次去磁力国的经历我就发现，你已经能够保护自己并且成了一个有责任心的男人了。有些事情我应该告诉你。

在我小的时候有一个很要好的伙伴，那个时候我们

无话不谈。我们经常在一起学习、谈论国家大事、玩耍。他曾经是我们国家最棒的科学家，最伟大的勇士，他为了这个国家的安全付出了很多。他当年提出要用科技改变百姓的生活，用科技加强军队的力量。我的父亲，也就是你的爷爷委任他为大将军。

可是，有一天我们一起去山林打猎，不知道为什么，他为了追赶一只鹿离开了队伍，他越追越远，一直追到了山上，就再也看不见他了。我们一直以为他会回来，但是，没有。

那天，我一直等到天黑都没有等到他，于是我派了几百名士兵在山里搜寻他的身影，可整个晚上过去了，仍然没有消息。随后我们每天派人寻找，仍然杳无音讯，他就好像被外星人抓住了一样，凭空消失。

直到第七天，他突然出现在我们面前。尽管他的相貌声音没有变，但是性情完全不同，喜怒无常，常常大闹王宫，似乎换了一个人。虽然他能记得所有的人，所有发生过的事，但是他却忘了曾经的自己是多么好的一个人，最终父亲只能将他赶出宫殿。

在我继位之后我又多次派人寻找，但总是得到众多消息却无法将他找回，我想，如果他愿意出现他迟早会出现的。久而久之我忙于国政，也就不再寻找，但是我心里真的是很想念他，我一直认为，我真正的朋友进山之后一定遇到了什么事情，而回来的那个，一定是冒名的。

“可我从未听您说起过有这样一个人啊？他究竟是谁？等我去外面帮着打听打听。”

“他……他……他就是今川大将军。”

“啊！”孔德林大吃一惊，“父亲，我在甲信国确实遇到一位今川将军，狡猾多诈，被我和贾斯汀打败了。他后来怎样了，我就不清楚了。”

“唉，我听到好些个叫今川的人，但这些人都不是我的朋友今川啊！”

孔德林想到昨晚发生的事情，那张地图还被他揣在怀里，于是他拿出地图把昨晚发生的事一五一十告诉了父亲。

“父亲，我想今天按着地图所示的坐标，去找找看那里究竟藏着什么，但是……我又担心父亲的病，这趟探秘也不知道什么时候回来，不能陪在父亲身边，我很担心。”

“傻孩子，你已经长大了，可以去外面看看，做你想做的事情，我多休息几天就没事了，要知道我们机械国表面看起来稳定、和平，但实际上几个部落之间最近纷争不断，迟早有一天会爆发大的冲突。你说的那三个黑衣人也许是某个部落派来的，你去查清楚也好为我们日后做准备。但是我不放心你一个人去，我要把两位最好的勇士派给你。”

顺着父亲手指的方向看去，两位机械国最厉害的勇士

图木和图水兄弟向孔德林行了个礼。孔德林也只好接受父亲的安排。

第二天，三个人带齐了装备，骑着马，往地图所示的山脚跑去。

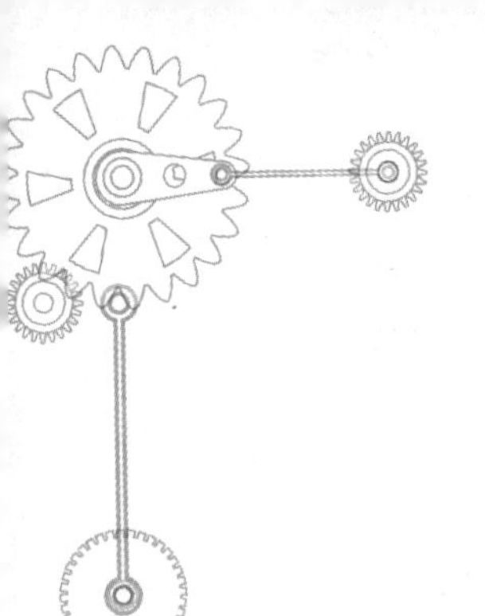

2

山洞里的秘密

话说那三个黑衣人，他们一觉酒醒之后正准备继续启程，却发现地图不见了。

“我的包呢？我的图！哪……哪个王八蛋把我的地图给拿走了。是不是你们捉弄我，赶紧还给我。”

“胖子，我们拿你这个东西干吗？是不是你晚上三急，找不到纸，自己拿去用了。”

三人一开始还开着玩笑，但再一找发现地图确实不见了。三人一下子紧张起来，一时不知道怎么办才好。

胖子说：“算了，算了，这张图的内容我之前看过

好几遍，已经都记住了，你们跟着我走吧。”

于是三人立刻行动起来，背着包向山上走去。

三人走进了森林，阳光被高大的树木遮住，斑驳的光影投射到落满树叶的地上，伴随着风吹树木的声音，森林显得格外阴森寂静。

三人踩着树叶，往森林深处走去，矮小的灌木丛里不时窜出蛇、兔子一类的小动物，渐渐地，三个人完全分不清方向了。

胖子心急火燎地冲在最前面，边走边骂：“哪个鬼偷我的包，被我抓到了，非打断他的腿不可！”

旁边一人冷笑：“要真是鬼偷的，我看你怎么打？胖子，你不会是自己藏起来，耍我们吧！”

胖子一听，气得毛都炸起来：“老二，你什么意思？你这是怪我啰？你怎么不说是你自己独占了！”

另一个人赶紧打圆场，说道：“该不会是什么动物偷的吧？！会不会是猴子？”

“猴子？猴子偷包干吗！里面又没吃的！死胖子，你会带路吗？你不是说你记得住位置吗？这都是哪里？你想坑我们啊？”

胖子听了，二话不说，愤怒地朝前冲去。突然，只听“扑通”一声，胖子一声惨叫。后面两人一听，赶紧跟着跑了过去。“啊！”三人一起大叫起来，原来三人跌进一个大坑里。只听哗啦啦一阵响，三人又一起大叫起来，

他们被一张大网兜住，高高地吊在半空中。

孔德林笑嘻嘻地从旁边一棵大树上滑了下来。

孔德林早就料到三个黑衣人今天迟早会进山，于是他和图木、图水一起先到山里的树林里做了埋伏。他们先挖一个大坑，把网铺进坑里，然后在土坑的表面覆盖上树枝，再铺上厚厚的树叶。网的四角拴上绳子，每根绳子通过一个滑轮（课外小知识 3），他们把绕过滑轮的绳子抓在手里。图木和图水两兄弟，负责抓绳子，孔德林则爬在树上，观察动静。等到胖子一伙人一踏进陷阱，孔德林就发出收网的手势，两人拉动绳子，把他们三个统统抓了起来。

三个人在网里使劲儿地挣扎，不时大骂“你们知道老子是谁，你们竟敢把我绑在这里，赶紧把我放下来，我便可以饶你们不死。”

“混蛋，放开我们！”

孔德林对着胖子大笑：“胖子，昨晚睡得一定很好吧，好到有人拿走你的东西都没发现，你是二师兄变的吧。”孔德林说着把地图拿出来在胖子面前甩了甩。

胖子见了气不打一处来，又破口大骂道：“原来是你这个混蛋，小偷！快把大爷放了，把大爷的东西拿过来。”

“你们仨今天就在这树上好好玩儿吧。我们可要拜

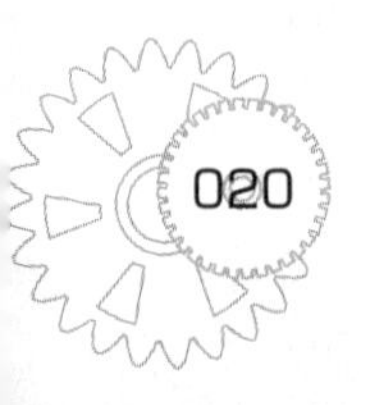

滑轮

滑轮也是一种简单机械，在生活中十分常见。小朋友都参加过升旗仪式，旗手缓缓向下拉绳子，旗子会徐徐上升。为什么呢？因为旗杆顶部装有一个滑轮，它的轴是固定的，我们把它叫做定滑轮。绳索绕过中心轴，用力向下拉动绳索，绳子的另一端带动物体向上，这是通过定滑轮达到改变力的方向的作用。

在起重机的吊钩上，也有一种滑轮，它随着重物一起被提升，这种滑轮，我们把它叫做动滑轮。

试一试

在书中，孔德林把绳子绕过滑轮，他向下拉绳子，而绳子的另一端向上移动，把坏人吊到了半空中。

小朋友，我们用身边的材料来做个定滑轮吧。

把一根绳子绕在塑料瓶口，这样我们就可以用这根绳子来提起一些重物。是不是很方便啊？

在下图的方框里，画出你设计的滑轮图吧。

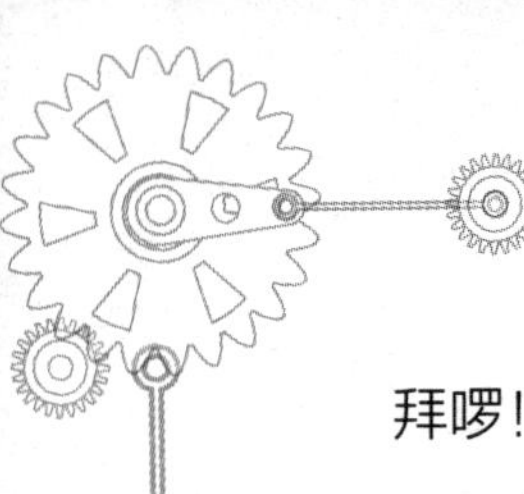

拜啰！”

“你个混蛋！放我下来！我不会放过你的！”

胖子和另外两个人兀自骂个不停，孔德林三人却大笑着跑远了。

穿过一片树林，孔德林一行人沿着山路向上走，转眼来到了半山腰的一处悬崖峭壁处。虽说这座大山孔德林小时候也来过，但山太大了，他从来没有走完过。

眼下这处绝壁，虽然地处险要，但却有一股小溪从岩壁上流过，一直流到下面一处山坳里，汇成一条小河。孔德林以前从来没有来过。不过他却知道机械国一直以来有个传说，山里面有一处水和别的地方的水不同，那里的水是热的。这股热水被山神诅咒过，人喝了就会死。据说从前那些不信邪的人到这里喝了水便真的相继死亡，渐渐地，再也没有人敢走到这里，只留下传说中“热死河”的名字。孔德林想，这大概就是传说中的“热死河”吧！

果然，他们仔细观察、发现河水表面冒着大量白雾，孔德林伸过手去，小心用手背碰了一下河水，确实感到是比较温暖。他仔细嗅了嗅，闻到空气中弥漫着一股硫磺的气味，他细心观察了一下周围的植物，这一带树木比他们刚刚经过的森林要长得茂盛，孔德林猜因为热水使得土壤温度高，滋养了树木的生长。

他转身对跟在身后的图木图水兄弟两人说：“这山应该是座活火山（课外小知识4），你们看爆发时形成的火山灰是非常丰富的养料，这热水实际上是被加热的地下水，热水让这一带土地都温暖湿润，所以周围的植物长得特别好。这个水当然不能喝，里头有大量的硫等矿物质，但这个水特别适合洗澡，等我们找到东西，我们来这里好好洗个澡。”

兄弟俩被孔德林说得一愣一愣的，他们当然不懂，他们除了待在机械王国的首都，再也没有去过别的地方，平日里他们也只是习武耍刀，从不看书。

“时间不等人啊，我们得赶紧上山。”孔德林说道。

上山的路有些陡，他们沿着山往上爬，图木、图水兄弟确实是爬山高手，他们两个蹭蹭几下就爬到了孔德林的前面去了。为了便于联系，孔德林拿出一个纸盒，用一根线把纸盒连接在一起，随后他对兄弟两人说：“你们带着这个盒子继续往上爬，一旦有任何发现马上对着纸盒说话（课外小知识5），我就可以听到。”

兄弟俩看看纸盒也没多问，只是说了声：“哦！”

渐渐地，图氏兄弟消失在一片烟雾之中，过了一会儿，纸盒里就传来他们的声音，“德林王子，我们在这里看到一个山洞，你慢慢爬，我们在这休息一会儿，等你上来，加油。”

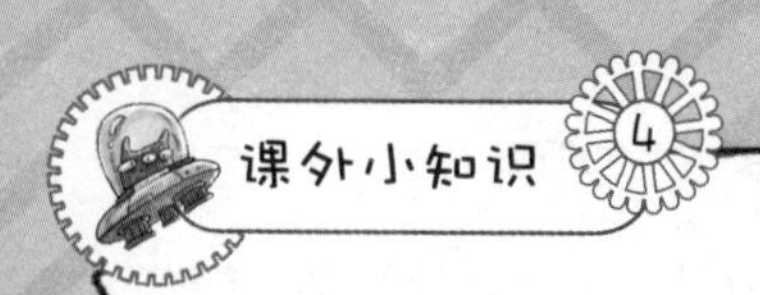

火山

火山是地下深处的高温岩浆及其有关的气体、碎屑从地壳中喷出而形成的，具有特殊形态的地质结构。火山可以分为死火山和活火山。火山爆发是一种很严重的自然灾害，常常伴有地震。火山喷发会对人类造成危害，但它也带来一些好处。例如：可以促进宝石的形成；扩大陆地面积（夏威夷群岛就是由火山喷发而形成的）；作为观光旅游的景点，推动旅游业，如日本的富士山。专门研究火山活动的学科称为火山学。

试一试

小朋友们，我们一起来观察火山爆发吧，在一个锥形瓶里放上番茄酱，然后用一张塑料薄膜将它封住，在薄膜上扎一个小孔，然后加热锥形瓶。火山就要爆发了，你们准备好了吗？

土电话

土电话是一种古老的具有实用性和娱乐性的工具，由中国人最先发明，是电话机最初的原型，曾为人们之间的交流和娱乐立下汗马功劳。

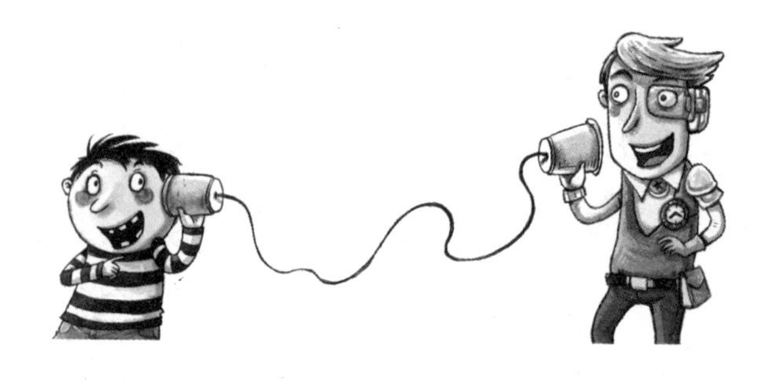

小实验

小朋友们，让我们一起来做个土电话吧。两个一次性纸杯，一根棉线，然后用棉线把两个纸杯连接起来。

好了，试着一个小朋友对着纸杯说话，另一个小朋友把纸杯放在耳边，听到了吗？

就在此时，孔德林听到背后传来熟悉的声音。

“想困住我们？他们也太小瞧咱们了。”

“我们可算是到了，地图虽然被我弄丢了，但是我脑子里都记得，你看地上，这里有他们的脚印。他们肯定从这里走过，一定没错。那个嚣张的臭小子，我要抓住他，给他好看。”

孔德林远远望见一个肥胖的身影，原来是那个胖子一伙人挣脱了绳子，从树上下来了。

“这是什么鬼地方，怎么河水里有那么大的烟雾，那里好像有气泡在翻滚。啊！好难闻的气味。”

“别管这个了，我们赶紧往上爬吧。”

他们三个家伙也开始往上爬，因为胖子身型实在是太大，另外两人没办法，只好走一步，停一步，所以三个人爬得真是比乌龟还慢。

这可怎么办？孔德林赶紧拿起土电话告诉图氏兄弟下面的情况，让他们往他这边扔一根绳子过来，他可以拉着绳子借力往上爬得快些。同时他又告诉山上的兄弟俩，让他们往山下扔石头，扔之前通知他是左边还是

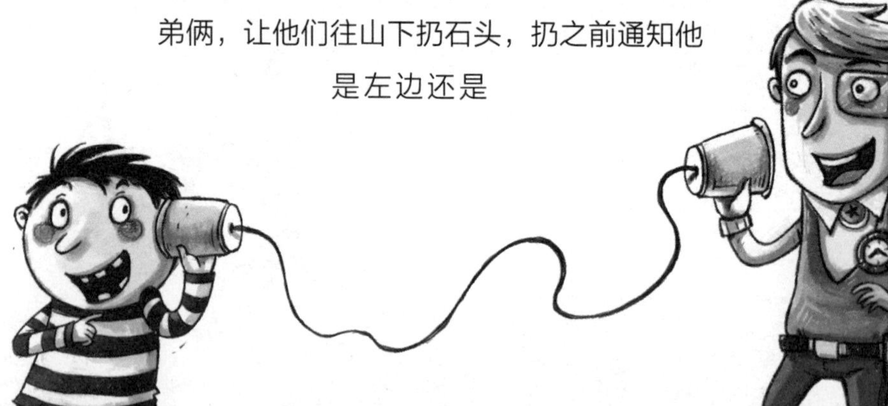

右边，这样他可以事先躲避。

图氏兄弟一丝不苟地执行孔德林的指示，他们迅速捡起石头向山下扔去，就这样一块、两块、三块……直到第四块的时候，只听到一声“啊……”惨叫，看来那三个家伙被砸中了。孔德林也快速拉着绳子往上爬。借着绳子的力，没多久他爬到了山洞口。

他拿出包里的地图，仔细比对了一下，没错，图上标示的地方应该就是这里。这里山体岩石表面都有一条一条深深的裂缝，应该是火山爆发时岩浆流过的地方，在上面走的时候如果没有看清楚，一不小心就有可能掉进裂缝里。

于是他们小心翼翼避开这些裂缝往洞口走去，走到洞口的时候孔德林发现边上有一棵闪着银灰色光彩的植物，正当他疑惑怎么在这个地方会有植物时，图木已经将它拔了出来。

孔德林瞪了他一眼说：“你怎么随便就把它拔起来了，在这个地方能长出的植物一定非同一般。”

图木尴尬得不行，他嘟囔：“那……那我再把它种回去好了。”

“没用了，拿过来我看看吧。”

接过植物，孔德林仔仔细细地观察着，这株球形植物表面密集的茸毛在太阳照射下显现出银色光彩，植物的叶子是剑形的，他立刻告诉图氏兄弟：“这可是非常罕见的银剑。”（课外小知识⑥）“什……什么剑？”

银剑

银剑是世界上一种罕见的珍稀火山植物。它生活在夏威夷群岛海拔 2500—3000 米的夏利亚卡拉山的火山口附近。这里遍布火山熔岩，白日太阳炙烤，而到了夜间，气温会跌到零度以下。恶劣的自然气候，使火山口周围如沙漠般荒芜，难见任何生物。唯有银剑，这种叶片闪烁着银灰色光芒的球形植物在这里傲然挺立。

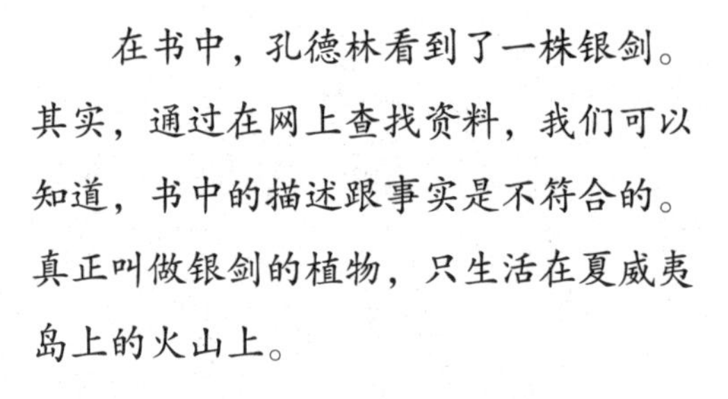

想一想

在书中，孔德林看到了一株银剑。其实，通过在网上查找资料，我们可以知道，书中的描述跟事实是不符合的。真正叫做银剑的植物，只生活在夏威夷岛上的火山上。

小朋友，到网上去查查银剑的资料，把银剑的样子画在下图的方框里吧。

孔德林摇摇头，这两个家伙就是四肢发达头脑简单，于是他让图木把银剑放进背包。

三人各自拿出一只手电筒向山洞深处走去，他们都被山洞深处的奇特造型惊呆，由于熔岩的地质作用，各种奇幻形状的石头倒挂在洞上方，如同被工匠精雕细琢过一般。然而他们也无心细看，径直往里走，猛然，眼前的景象让他们惊呆了：这个山洞明显曾经住过人！只见一扇石门挡在洞里，石门两旁，一边是一条惟妙惟肖的石龙，另一边则是一只栩栩如生的石虎，而石门上画了一些图案，图木、图水看过图案后告诉孔德林说：“德林王子，看这图案的意思是要让我们把阳光照在这只石虎的眼睛里啊，这样才能打开石门。可是，这鬼地方哪儿来的阳光啊？”

“要不，我们把这洞炸一个窟窿，让阳光射进来不就可以了吗？”图水说。

“嗯，炸个窟窿确实可以让阳光照射进来，可是，到时候炸下来的石头再把洞口堵了怎么办。”孔德林说。

“那……怎么办啊？”图木一脸茫然。

孔德林从包里取出三面镜子，（课外小知识 7）他对图木、图水兄弟说：“我到洞外通过镜子的反射把阳光照进来，你们再用你们手上的镜子接力把阳光照在这个石虎眼睛上，你们觉得如何？”

“我觉得可以。”图木傻笑着说。

于是孔德林来到洞口，将阳光反射进洞里，图木赶紧用手中的镜子接住阳光，阳光再从图木手上的镜子反射出去，然后通过图水手上的镜子直接照射到石虎眼睛上，只听到“轰隆隆”一声巨响，图水大喊道：“王子，门开了，你的办法还真管用。”

他们三人拿着电筒继续往里走，洞里的石柱一根根倒挂下来，在石柱上又倒挂着一只只蝙蝠，电筒的光亮照到蝙蝠身上，蝙蝠眼睛里反射出刺眼的红光，加上蝙蝠的可怕模样，真是令人禁不住打寒颤。

三人到来的动静惊动了蝙蝠，它们纷纷朝孔德林三人飞来，一只只蝙蝠张开硕大的翅膀，带着一股股寒风直扑人的脸。它们张开嘴，露出恐怖的尖牙，仿佛随时准备扑过来吸人的血。图水吓得高举电筒，在空中不停地甩着，试图用亮光驱赶那些飞近的蝙蝠。

这时的图木却不紧不慢，从地上捡了一片树叶，吹了起来，神奇的事情发生了，蝙蝠竟然掠过他们，从他们头上飞了过去。好险！蝙蝠那锋利的爪子还差 0.01

镜面反射和漫反射

阳光射到镜子上，迎着反射光的方向可以看到刺眼的光，而在其他方向却看不到反射的阳光。

因为镜面非常光滑，一束平行光照射到镜面上后，会被平行地反射，这种反射叫做镜面反射。

而在生活中，我们还可以观察到，如果阳光照射到一张白纸上，我们无论从哪个方向，都能看到纸被照亮了。原来，白纸的表面其实是凹凸不平的，凹凸不平的表面能把平行入射的光线向四面八方反射。这种反射叫做漫反射。

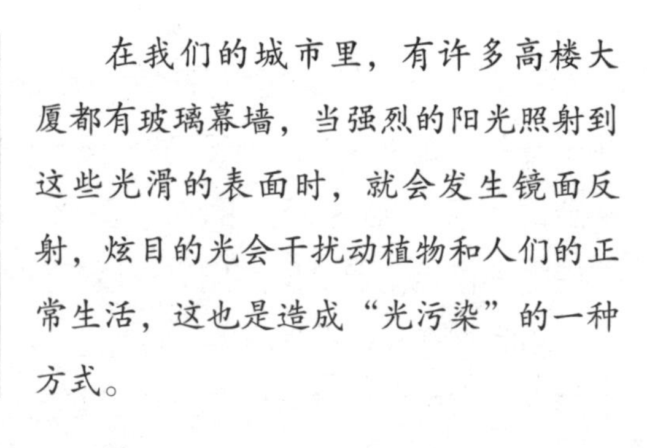

想一想

在我们的城市里，有许多高楼大厦都有玻璃幕墙，当强烈的阳光照射到这些光滑的表面时，就会发生镜面反射，炫目的光会干扰动植物和人们的正常生活，这也是造成“光污染”的一种方式。

在书中，孔德林利用镜面反射，将入射光线改变了方向，你能在下面的方框中，画出光线改变的示意图吗？（不懂的话，可以先查查资料哦！）

厘米就抓住孔德林的头发了。孔德林难得用崇敬目光望向图木："你做了什么？怎么蝙蝠就飞走了呢？"

图木有些得意忘形地说："这蝙蝠飞行可不是靠眼睛看、鼻子闻的，它们是依靠超声波来躲避障碍，抓住食物的。我这一吹就发出了蝙蝠能够听到的超声波，当然你们人类是听不到的。"（课外小知识 8）

图水听了气不打一处来，重重地捶了图木一下。"什么？你们人类，难道你不是人吗？你小子明知道对付它们的办法，居然那么晚才使出来。刚才吓得我差点没把胳膊抡折了。"

图木憨憨地笑着："对不住啊，大哥，是我们人类，我们人类，这不我脑袋反应慢，刚想到这个方法嘛。"

经过刚才的惊险，他们怕山洞里头还有其他稀奇古怪的动物或者机关什么的，于是决定三个人分前、中、后三路小心翼翼地前进。这样再往里走三人反倒没有遇到什么东西。

他们一直走，直到被一条河挡住了去路。河面很宽，加上洞里黑乎乎的，一眼看不见尽头。图氏兄弟提议游过去，可是孔德林不会游泳，而且河里不知道会不会有什么危险。于是他们仨就这样你看看我，我看看你，一时不知道怎么办好。

图木愤愤地对着地上一块石头踹去，一脚就把石头踹到了河里。奇怪的事情发生了，没想到这块石头在水里并没有沉下去，反而浮了起来。孔德林赶紧让图木把这块石头捞上来。他仔细观察着这块石头，石头很轻，而且在石头的表面有很多气孔，孔德林想这就是这块石头

能够浮起来的原因吧。于是孔德林又抬头看了一下周围，一拍大腿，喊道：“有了！”

图氏兄弟一脸茫然地看着他，问：“有啥了？”

孔德林指着山洞的石壁说：“这个山洞是由火山爆发的岩浆从山体里流过形成的，岩浆喷出来后在这里又凝固，形成了这些大大小小的石头，这些石头上布满了气孔。这种石头是火山石（课外小知识）的一种，又叫浮石，质量轻，能浮在水面上。我们只要找一块大石头，站在这块大石头上就可以安全过河了。”

“啊！石头还能当船用！”图氏兄弟惊呆了，“还是王子殿下聪明。”

“你们别奉承我了，赶紧干活吧。”

于是，三个人开始寻找石块，专门找那种面积大，气孔多，质地坚硬的石块。图氏兄弟都是力大无穷的勇士，所以这活儿对他们来说根本算不上什么。

不多时，一块硕大的火山石已经被凿下来放进河里，他们又捡了几根粗壮的树枝绑在一起作为船桨，就这样，三人沿着河往深处划去。可是越往深处，河道越窄，而且头顶倒垂的石柱离他们越近，一边划着一边要躲避这些直面而来的石柱，要是一不小心碰上，那半条

回声定位

蝙蝠喜欢居住在漆黑的山洞里。它们在黑暗中飞行，准确避开障碍物，精准捕食，这个本领真是太让人惊叹了。蝙蝠究竟怎么做到在夜间捕食的呢？是因为它们有夜视眼，是因为它们嗅觉敏锐？

以上原因都不是，科学家发现，蝙蝠能在夜间飞行捕食的本领是靠它发出的声音和耳朵。蝙蝠的喉咙能发出很强的超声波，超声波遇到物体时被反射回来，蝙蝠通过耳朵听到回声，根据回声判断物体的距离和大小。这种根据回声探测物体的方式，叫做“回声定位”。

想一想

科学家根据蝙蝠的这个本领，发明创造了什么呢？在下面方框里画出你的答案吧。

提示：雷达

火山石

火山石（俗称浮石或多孔玄武岩）是一种功能型环保材料，是火山爆发后由火山玻璃、矿物与气泡形成的非常珍贵的多孔形石材。火山石中含有钠、镁、铝、硅、钙、钛、锰、铁、镍、钴和钼等几十种矿物质和微量元素，无辐射而具有远红外磁波，在火山爆发后，时隔上万年，人类才越来越发现它的可贵之处。现已将其应用领域扩大到建筑、水利、研磨、滤材、烧烤炭、园林造景、无土栽培、观赏品等，在各行各业中发挥着无法替代的作用。

小实验

小朋友们，让我们去找一块火山石来研究一下究竟为什么火山石会浮在水面上吧。

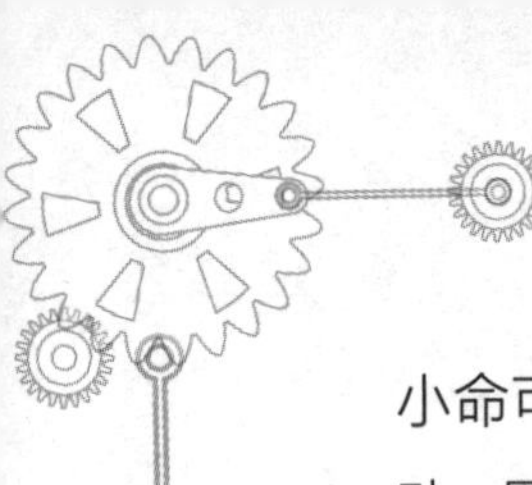

小命可就没了。就在这时，三人突然感到河底有一阵震动，图氏兄弟惊叫：“地震了？！还是火山又要爆发？”

孔德林说：“不可能，这是座死火山吧？那么多年都没有爆发，不会轮到我们就那么倒霉吧。”

好在没过多久，震动停止了，但河水却没有恢复平静，只见河水开始翻滚、冒泡，一阵烟雾瞬时包围了他们，三人已经看不清前面的路，孔德林立刻大叫：“图木、图水，我们要停下来，不能再往前了，要不然我们都会没命的。”

三人吓得停止划水，石头做的船在河面上漂来荡去。

“看这个情形，烟雾一时半会儿还不会消退，我们还需要在这停一阵子。”孔德林说。

“德林王子，我怎么觉得这石头船越变越小了呢。”图水不安地说。

孔德林也感觉到船的周围渐渐溶解进水里，他闻到空气里一股硫磺的气味，想来这硫磺和空气发生了反应，又融化进了河里，河水变成了酸性，就这样开始把石船慢慢溶解。

图氏兄弟已经做好了落水的准备，他们一左一右拽住孔德林的两个胳膊，就等着一旦落水，他们好拉着他往前游。就在他们准备跟河水拼一拼时，洞里吹来了一阵风，就这么巧，风立马把烟雾吹散了。于是不容三人多想，他们立刻加快了划行的速度，图氏兄弟负责划石船，孔德林就负责拉住石柱帮助石船改变方向以便不撞上这一根根石柱。三人默契配合，一阵猛划之后，终于来到了一片开阔河道，而在河道的另一边他们发现

了河岸。三人也来不及庆祝，他们赶紧划过去登上了河岸。就在他们坐在河岸上不断喘着粗气的同时，刚才那硕大的石船越变越小，越变越小，直至完全溶解在河里。

三人觉得自己捡了一条命，一阵庆幸之后，三人停坐在河边休息，他们实在太累了，不知不觉地就迷迷糊糊睡着了。

也不知睡了多久，孔德林第一个醒来，只见山洞的顶上竟然画着一张机械设计图，于是，他立刻叫醒了身边的图木、图水兄弟，他们揉了揉眼睛也对山洞顶上的设计图感到异常惊奇。

图木说:“看来，这就是我们要找的东西了。可是，这……那么大的石头我们又搬不回去，怎么办呢？”

“你这个笨家伙，我们把这个图画下来带走不就可以了吗？我看你是多睡睡糊涂了。”图水骂道。

“依葫芦画瓢的活儿还是你们俩来干吧，我来看看这究竟是一个什么设计。”

于是两兄弟负责画图记录，孔德林就在一边仔细研究设计图的内涵。这么仔细一看图，孔德林不禁赞叹设计者的奇思妙想。他发现，这个设计是将齿轮、马达、能源以及金属等连接起来制成一个机器人。孔德林想，齿轮是属于我们机械国的，而马达是属于磁力国的，能源又是属于能源国的。在这之前这三个国家都没有往来、交流，各自坚守着自己的东西，怎么会有人将这些国家的东西合在一起进行设计呢？看来这个人非同寻常。

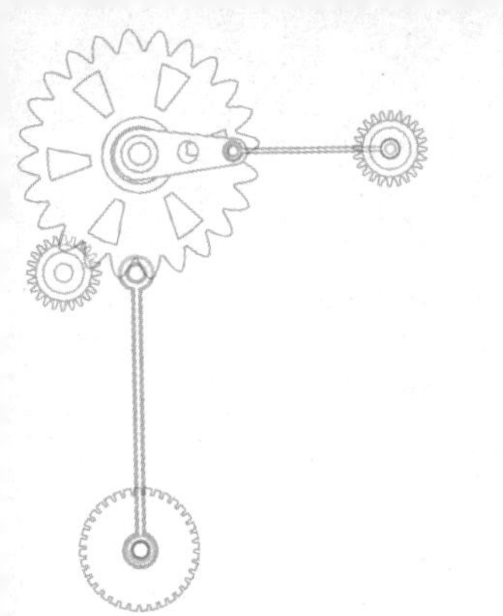

3

火山口逃生

他们把记录收藏妥当后就开始讨论怎么回去，最后大家决定还是和来时的方法一样，凿两块大岩石，一块做船，另一块备用。好在大家通力配合，终于顺利地原路返回了。不知有多久他们没有感受过阳光的温暖了，孔德林站在洞口，迎着阳光，美美地伸了伸腰。此时，他只有一个念头，就是立刻下山回到王宫里好好睡上几天，而且他也担心父亲的病，于是，一行人加快了回家的步伐……

皎洁的月光照耀着大地，虽然夜间走在山里有些危

险，但三人也顾不得这些，趁着月光穿行在树林中。走到热死河边上，他们发现之前的三位夜行人横七竖八地躺在地上，奄奄一息。他们的衣服破破烂烂，一看就是力气不支，倒在地上的。孔德林想，虽然大家不是一个阵营的，但也不能见死不救吧！再说，先弄清他们的身份再说。孔德林一眼发现一个白色的信封掉在那个胖子的身边。

于是他打开了信封，里面有一封手写的信。

亲爱的力之部落首领，我是今川大将军。今日来信是为与你们结盟的。你们也知道我是被机械王国赶出来的，当年我为整个国家出生入死，如今却落得如此田地。我相信你们是整个机械国里最强大的部落，没有你们的贡献，机械国不会有今天。无论是杠杆部落还是滑轮部落，或者斜面部落，没有你们力之部落，他们是无法研究出新产品的，他们依附于你们，你们却只是得到和他们等同的待遇，我时常为你们鸣不

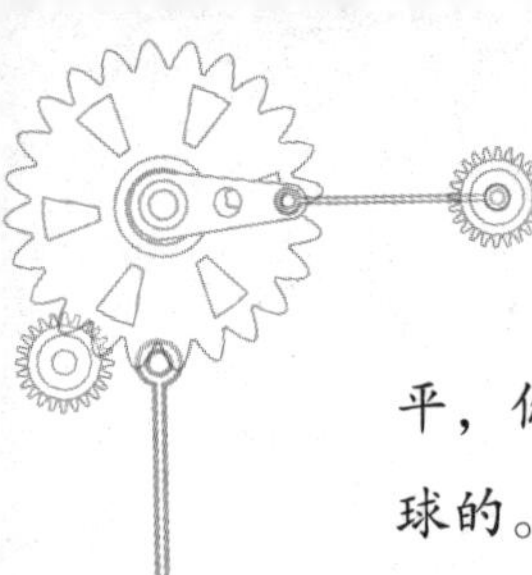

平，你们力之部落是可以统治整个机械王国甚至整个地球的。为了表示我的诚意，我会献上一张新武器的设计图。但是那张设计图藏在一个隐秘的地方，只有得到它才能开启你们的统治之门。祝你们成功！

底下落款是“今川大将军”。孔德林不禁一惊，心想，今川将军？怎么又是他！他不是已经被我在甲信国的决斗中击败，关在监牢里了吗？怎么又有一个今川将军？不过看来力之部落已经为占领其他部落乃至机械国在秘密行动了。

孔德林想，我必须赶紧回去将此事禀报给父亲。

可是，他们来的时候骑的马已经不见了，三人只能依靠步行前进。天渐渐黑下来，三人又累又饿，但是他们不能停下来，一想到危机正一步步逼近机械国，孔德林就恨不得生出翅膀飞回家。

突然，一阵雾气在森林里弥漫开来，由于夜晚温度突然降低，空气中的水蒸气此刻凝结成细微的小水滴悬浮在空气中，形成了如纱般的雾。（课外小知识10）他们看不清前行的路，也无法仰望天空来寻找北斗七星以便定位。

图木有些惊慌地问：“这可如何是好啊？”

图水道：“等大风吧，有大风了就可以把这些雾吹散。”

孔德林伸出了一根手指，晃了晃，然后说：“希望不大，这风不知何时才能来。”

兄弟俩目不转睛地看着他的手指问：“那么神？手指也能测风？”

看两人的呆样，孔德林实在忍不住哈哈大笑起来，“准不准，全靠猜。”兄弟俩也跟着呵呵笑起来。没办法在这个时候，唯有苦中作乐才能让他们忘记身体的疲劳与饥饿。

既来之，则安之，三人决定还是就地休息，毕竟白天的经历让他们已经很累了。但是天很冷，三人决定先点个火堆，然后睡一晚。可是图木随身带的打火机掉在了之前的山洞里，他们不得不想办法。

钻木取火这种事（课外小知识11），只在书上看过，孔德林这样的书呆子在此时一点也派不上用场。

好在图木是生火的高手，他将一根比较粗的树枝的一头削去一些，然后他们又捡了一块略粗的干燥大木块，把一些干树枝、干树叶、干杂草放在边上围成一团。然后只见图木使劲摩擦，就这样，不一会儿，树叶开始冒烟，他们赶紧对着烟吹风，好让那里多一些空气，然后把捡来的干树枝都扔进去以维持火的持续燃烧。费了些时间才把火生起来。孔德林和图水又陆陆续续去周围捡了好多树枝、树叶。整个夜晚三人轮流休息，只怕火一灭他们三人就会冻死在这森林里。

半夜里，孔德林被一阵窸窸窣窣的声音吵醒，待到他醒来，看到边上一群蚂蚁在往树上爬，那阵势是他从来没有见过的。又听到远处狼叫、鸟鸣此起彼伏，他赶

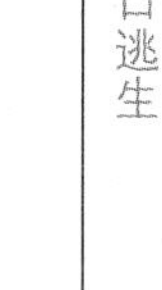

课外小知识 10

雾

当地面温度下降时，接近地面的空气温度也会降低。如果，这时空气相当潮湿，那么空气的温度冷却到一定程度时，空气中的一部分水汽就会凝结，变成很多小水滴，这些小水滴悬浮在近地面的空气层里。当它们渐渐多起来，阻碍了人们的视线，就形成了雾。

雾并不是从天上掉下来的，它和云都是由于温度下降时空气中的水凝结而成。

想一想

在我国，有很多地方以雾闻名。小朋友可以查查资料，把你知道的以雾闻名的景点写在下面的方框里吧。

钻木取火

钻木取火的发明来源于中国古代的神话传说。传说在一万年前，生活在古昆仑山上的一个族群，族中的智者一日看到有鸟啄燧木时产生火花，受此启发发明了钻木取火，这个族群也因此被称为燧人氏族。

钻木取火是根据摩擦生热的原理实现的。木原料的本身较为粗糙，在摩擦时，摩擦力较大会产生热量，加之木材本身就是易燃物，所以就会生出火来。

试一试　小朋友可以实践一下，真正地钻木取火非常难，不信试一试吧！

忙叫醒边上睡着的图氏兄弟。

“什……什么事，我没睡着，我没睡着，我在值班呢，只是眼皮掉下来了。”图水一边揉着眼睛一边说道，这个点儿应该是他值班。

“没空听你解释，你们看，这一群动物像疯了一样，到底怎么啦？”孔德林说。

“不好！那座火山要爆发了，你们看……”图水在一边叫到。

只见他们白天刚爬过的火山口源源不断地流出火红的岩浆，就这么顺着山势往下奔流而来，整个夜空被照得如同白昼，刚才的雾气也被照散了。还没等孔德林反应过来，图氏兄弟拉着他一路狂奔，只听见身后轰隆隆的声音就好像岩浆要扑到他们面前来了。

夜晚平静的森林一下子变成了恶魔的家园，他们不管不顾地跑着，来不及回头，只觉得身后一片片热浪侵袭而来，或许只一停下，他们就会被身后这岩浆淹没。

在狂奔中，孔德林的眼镜早不知飞到哪里去了。图木的外衣被灌木枝划出一条条裂痕。可是，谁也没工夫顾上这些。孔德林觉得自己下一秒就会跑断气，他被图氏兄弟拖着，机械地迈动双腿。

突然，他们听到汽车的引擎声传来，似乎一辆越野车正在向他们驶来。三人听到声音，脚步不由得缓了一缓。孔德林心说，管他来的是敌是友，总之是人类就好。这时，

一个清亮的声音传来：“德林！孔德林！是我啊，是我们来了！”天啦，孔德林觉得自己是上帝的宠儿，每个危机关头，总是有天使来救他。这个声音，这个声音不就是贾墨吗？贾墨啊！自己的朋友，自己的队友，他来了，贾斯汀和克里斯一定也来了，四翼奇探队又合体了！

贾斯汀把他们三人一把拉上了车，一踩油门，车狂奔而去！三人回头望向那座山，暗红色的火山灰把整个天空都遮蔽了，大火伴随着风声，空气混浊不堪，没有一丝儿活物的气息。森林里的那些动物，大概已经被熔浆化成了灰，也许最多能留下烧黑的骨架，若干万年后，成为化石。

好险，没有成为化石！孔德林整个身子都瘫在座位上。突然，他看见克里斯正忙着在本子上记着什么，赶紧坐直身体，对着克里斯傻笑道：“嗨，克里斯，好巧啊！又见面了，真高兴见到你！我刚从山上探险回来，

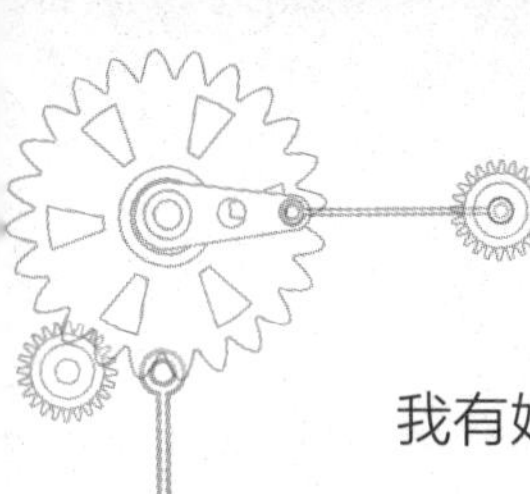

我有好东西……”孔德林话还没说完，克里斯抬起头来，瞟了一眼孔德林，淡淡地说：“噢，德林王子，真的好巧啊！每次见你，你都在跑！百米速度又提高了吧！”贾斯汀想到跟德林初次见面的场景，不由得笑了。孔德林这才注意到，车厢里现在满满地挤着七个人呢。除了四翼奇探队的成员和图氏兄弟，角落里还坐着一个埋头看书的老者。车厢里多出的人，这些吵闹的谈笑声丝毫不能让老者分一丝儿心。他低着头，皱着眉，谁都不搭理，不用问，这位一定是科学怪人墨菲教授了。墨菲教授一定又在钻研高难度问题了。

贾墨这才跟孔德林解释，墨菲教授推算出机械国附近的火山最近可能会喷发，他一定要来现场亲眼看看，收集第一手资料，所以，他们这才会冒险开车经过这座山脚下。

奔跑的疲惫，面对天灾的绝望，逃命的狼狈，还有冒险的兴奋，这些起起落落的情绪一直到孔德林回家后三天才渐渐平静下来。而墨菲教授带着克里斯一头钻进了机械国的国家实验室，贾斯汀则带着贾墨在摆弄王宫花园里的各种机械设备，滑轮、秋千、杠杆这些常见设施竟然也让贾墨爱不释手。

孔德林躺着花园的草坪上，懒洋洋地晒着太阳，和煦的阳光洒在身上，微风轻轻吹，孔德林觉得自己好像很久没有感受过这样的温暖了。也只有在这样的阳光下，

孔德林才能在心里一遍一遍思索他这段时间的发现。到底那三个黑衣人是不是力之部落派出来的，那张地图标示的意义是什么？那张地图，那张图……

啊！孔德林大叫一声，天啦，那张图，山洞里的那张图，孔德林似乎已经抓住了重点，他大叫着：“克里斯！墨菲教授！”

实验室的桌上，摊开放着孔德林绘制的从山洞顶上描摹下来的图，还有那封黑衣胖子身上掉下来的信。国王的脸色十分凝重，他反复看着信纸，十分肯定地说：“不对，不对，这绝对不是今川的笔迹。”而克里斯和贾墨则凑在那张图纸前，想听听教授和贾斯汀的看法。

墨菲教授戴着老花镜，拿着放大镜，再次仔仔细细地查看图纸的细节。

“完美！完美的设计，精妙的组合，没有太多的电路，没有复杂的构件，实用！我想这个人一定非常精通机械。”教授毫不吝啬地夸赞，他转头问孔德林，“知道是谁设计的吗？”

“不清楚。”孔德林摇摇头，“完全没有头绪，没有留名，也没见过类似的成品。”

“不过，我想把这个设计实现。”孔德林肯定地说。

“我也想！”贾墨在一边搓手掌。

“咳咳。”国王咳嗽一声，打断了大家的讨论，他用少有严肃的语调说，“这桩事里有很多疑点。德林，

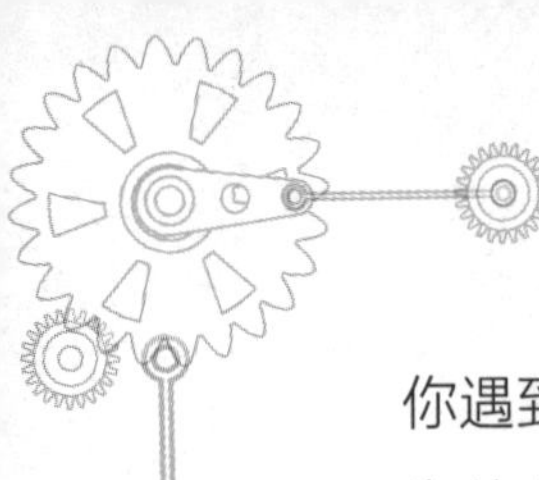

你遇到的黑衣人可能来自力之部落，但是并不清楚他们为什么而来，又想要做什么？这封信，署名今川，绝不是今川写的，这个今川是谁，我的朋友今川又在哪里，这也是一个谜。这张设计图，上面各个部位的部件，并不都是机械国出产的。有的只有其他国家才有，设计图纸的人这样做有什么用意呢？这些都是我们要搞清楚的事情。”

“不错。”贾斯汀也点头，“既然力之部落派人找到这里，又有这些疑点，看来力之部落是个关键点，能到那里去摸清情况是最好的。”

“好咧！不过，我们不能去太多人，人多目标太大，也容易引起误会。力之部落毕竟没有公开要脱离机械国，我们不能打草惊蛇。关键是，去力之部落要花很多时间，我们要先绕过一座山……”

“死亡沙漠。”克里斯突然开口打断孔德林的话，“从首都去力之部落最近的路必须穿越死亡沙漠。我这几天，一直在研究机械国地图。如果我们要想抢时间，出其不意，那么穿过沙漠直接摸到力之部落去是最好的办法。我们需要向导、骆驼、野外装备。”说完，克里斯看了眼孔德林，问：“王子，新的冒险要开始了，你，行吗？”

“我，我，我……”孔德林一时激动得结巴了，“克里斯，我会证明给你看的！”孔德林转头问贾斯汀：“队长，怎样，我们四翼奇探是不是又该出发了！”

“王子，带上我们吧！”没想到，一直在旁边当摆

设的图氏兄弟突然也来了一句。

“你们？”

“当然，沙漠一级向导，人肉活地图。”

哈，哈，哈，大家都笑了起来。

经过紧张的准备，两天后，四翼奇探队带着他们的新任图氏向导向着沙漠挺进。而墨菲教授则留在了王宫，准备把首都的实验室进行新的升级。

他们在到达沙漠边缘地带时，做了休整和必要的补充，买好了骆驼，备好了水和食物，探险队准备出发了！

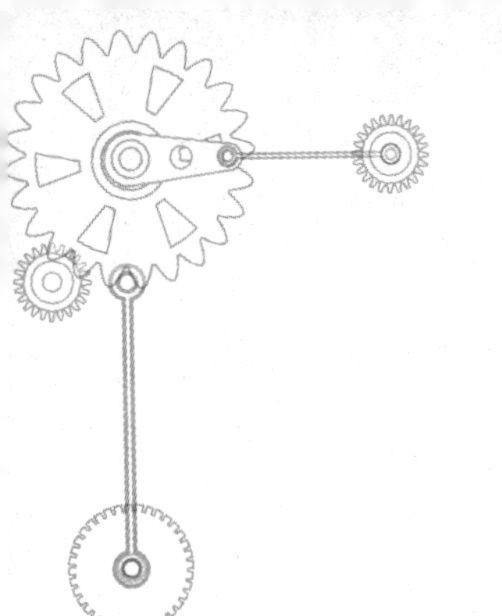

4

穿越“死亡沙漠”

经过一天一夜的跋涉，他们终于来到了沙漠。滚滚热浪下，漫天的黄沙仿佛无边无际的海。贾墨第一次看到一望无际的沙漠，顿时开心起来，第一个跳下骆驼准备在沙漠里撒个欢儿。可是，没想到，他的脚刚踏上沙漠，整双鞋子里就被灌满了沙子。滚烫的沙钻进脚板心里，就像油星子溅到手上，又烫又痛，贾墨忍不住双脚乱跳。

贾斯汀笑着说：“贾墨，你都没套上防沙袋，怎么就走下来了呢？”说着，贾斯汀扔给他两个长长的沙袋，乍一看，像女生穿的长统袜。贾墨把鞋子

里的沙子全都倒了出来，然后套上防沙袋，整个防沙袋一直套到贾墨的膝盖，把整个小腿都包了起来。做好准备工作，贾墨再一次踏进沙漠，沙子再也钻不进来了。

沙漠的白天很热，贾墨深一脚浅一脚地走在前面。没走多久就被太阳炙烤得失去了刚才的活力劲儿，一望无际的沙漠没有其他生物，显得死气沉沉，他顿觉无聊，只好又一次骑上了骆驼。

几个人因为不知道前方会发生什么，一路上也不多说话，全为保存体力。白天的行路还算顺利，太阳快落山的时候，大家选了个合适的地方搭建帐篷，图木、图水兄弟负责往沙子里敲上钉子，贾斯汀和孔德林负责把帐篷支起来，克里斯和贾墨则负责给骆驼喂食。

沙子的比热小，白天沙

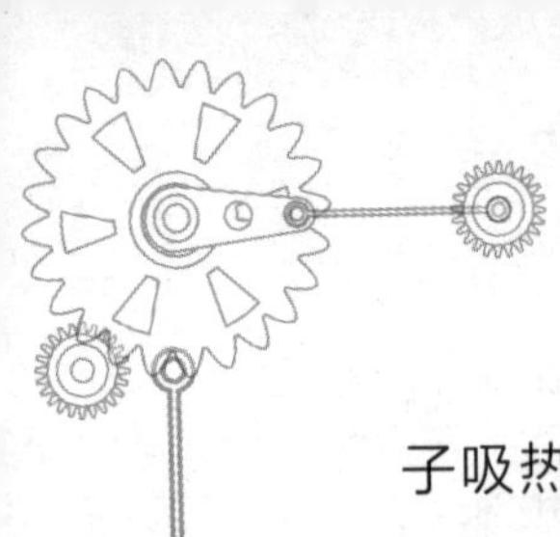

子吸热快，温度升得很高，到了晚上沙子又放热快，所以沙漠的天气特点就是白天热，晚上冷。贾斯汀让大家把帐篷遮得严严实实，每个人把自己紧紧得包裹在睡袋里。贾墨似乎不太喜欢这样的包裹方式，他需要自由地伸展手脚，而睡袋恰恰束缚了一颗年轻的心，至少贾墨是这样对贾斯汀说的。

克里斯皱着眉，她对贾墨说："天啦，丑爆了，我一想到自己跟粽子一样裹在睡袋里，就没法闭上眼睛。"

贾墨也偷偷嘀咕："嘿，我说，咱们趁他们不注意，把睡袋的拉链扯断吧，这样就可以伸个腿出来，透透气！"

"啪！"贾墨脑袋被拍了一下。

"你们俩啊，简直不知道沙漠的厉害。"贾斯汀板着脸对这两个不知轻重的家伙说："这里的夜晚温度很低，我们把自己包裹起来是防止热量的散发。不但要把自己包严实，每个人都要在自己的睡袋旁边放一根小树枝、小木棍。在晚上，我们最最重要的是要防止一些动物的袭击。你们别以为沙漠寸草不生，就等于没有生物，这里的小动物像蜘蛛、蚂蚁并不少见。要知道它们的身体很小，随时可以钻进我们的帐篷里，而且沙漠里的蜘蛛和蚂蚁很多有剧毒，咬上一

口……”

“够了，够了！”克里斯捂住耳朵叫道，“队长大人，我们知道错了！”

贾斯汀动动嘴唇，觉得自己话还没讲完呢！好吧，他想，吓一吓还蛮管用嘛。

寂寞的沙漠夜晚，六个人躺在一起，渐渐沉入梦乡。

夜越来越深，外面起风了，风把沙子吹打在帐篷上发出轻微的砰砰声，就好像谁在敲打帐篷的门。孔德林被这声音吵醒，迷迷糊糊间他感觉到有一个冰冷的东西从他的睡袋上爬过，这不是蜘蛛，更不是蚂蚁。蛇！孔德林立刻意识到，这是一条冰冷的蛇。

孔德林拼命屏住呼吸，他不敢乱动，生怕一动，蛇就要对他发动攻击，他轻轻地用嘴唇小心地把睡袋边上的手表打开，借着表盘上微微的灯光，孔德林看见一条全身乌黑的蛇抬着它的头，慢慢地游向克里斯。

天啦，他不敢大声叫，只得轻轻地用脚踢了一下旁边的图木，谢天谢地，图木这次没有睡死，孔德林噘着嘴巴对他做出了一个“嘘！”的动作。他生怕一个轻微的举动就会惊动这条蛇，导致这条蛇攻击克里斯。

黑暗中，孔德林看见图木对自己点点头，孔德林用唇形数“一、二、三”，接着，他闪电般地出手，抓起一根木棍向蛇挑去。被惊扰的蛇“咝、咝”地叫着，凶狠地缠上木棍。就在这个时候突然一把刀从蛇的侧面飞过来，图木出手了。刀穿过蛇的脖子，把它牢牢得钉在了木棍上，蛇稍稍挣扎了两下就彻底不动了。

时间仿佛一个世纪那么长，其实前后不过 3 分钟。孔德林觉得自己心脏都要跳出来了。他赶紧走过去，抱着图木，两人都觉得是劫后余生。贾斯汀早就被惊醒了，他赶紧走过去，捡起蛇来仔细研究。

贾斯汀说：“德林，你来看看。今天你们俩绝对是英雄。这是沙漠角蝰，你看它颜色棕黄色，身体半埋在沙里时，肉眼很难看出来。它是沙漠中的动物捕食者，它绝对不会放过任何一个活物，它的毒，当真是见血封喉，五步必死！”（课外小知识 12）

孔德林觉得自己的腿都在发软，看着依然熟睡的三个人，他苦笑着想：这时候，无知才是幸福啊。他走过去，

轻轻踢了图水一脚，他和图木刚才死里逃生，这家伙倒好，跟两个孩子一样睡得香。

贾斯汀笑着说："这条蛇是送上来的美食啊，它的肉最新鲜，正好给我们补充蛋白质。"

鲜美的蛇肉让这场惊险变成了惊喜。孔德林美滋滋地啃着骨头开始吹嘘："我年轻的时候，看过非常多的荒野求生的书。这些蛇啊，蜘蛛啊，蝎子啊什么的，都可以生吃，喝血。我们这样的吃法简直太文明了，说明我们这只探险队准备充分，队里的二队长十分机警。"

"二队长？你！"克里斯撇着嘴，"你确定自己是二吗？"

"噢！克里斯，不带你这么毒舌的。"

"毒蛇，喏，这里，就在你手上，正让你享受呢！"克里斯指着孔德林手中的骨头说。

听着两人的话，看着孔德林的窘样，大家都乐得直笑。时光似乎也加快了前进的步伐。

这片沙漠真是大啊，图氏兄弟尽心尽责地看图指着路，从地图上来看，六人为了安全，并没有完全深入沙漠腹地，而是擦着沙漠和戈壁带向前走着。

毒蛇

毒蛇让人害怕，因为它的口腔内有毒牙，而毒牙的基部有毒腺。当毒蛇咬住生物体时，相关肌肉就会收缩，挤压毒腺，让毒液流入毒牙，然后通过毒牙排出来。

毒蛇有很多，五步蛇、蝮蛇、眼镜蛇等都是毒性很强的蛇。蛇的分布也很广泛，大海里、森林里、沙漠里都有蛇。

沙漠角蝰生活在沙漠里，它通常都把自己埋在沙土中。当它扭摆身躯拂掠疾行时，沙漠表面会留下明显的S形踪迹。沙漠角蝰的毒牙很大，装满了毒液，毒性非常厉害，能在数秒间杀死被它捕食的猎物。

想一想

小朋友，毒蛇是可怕的动物，请你查查资料，并想一想，如果遇到毒蛇，你会怎么办？毒蛇的毒液还有没有其他用处呢？请你在下面的方框里谈谈你的想法。

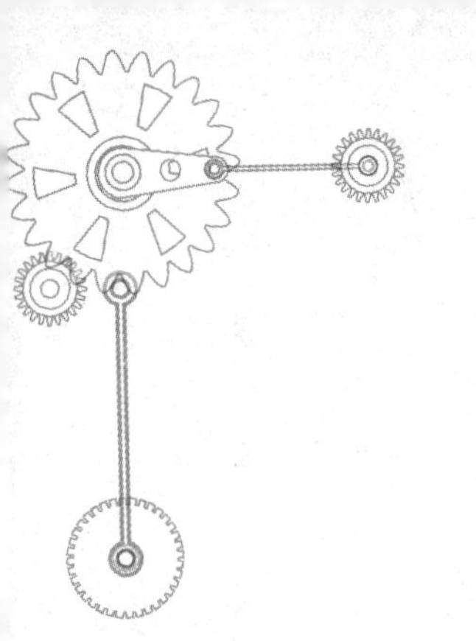

5

沙尘暴中求生

一晃又前进了三天。贾墨觉得整个行程都无聊透了。眼前除了黄沙就是黄沙。克里斯更是懒得说话，沙漠的空气都像是火烤过的，对爱美的女生来说，这简直是地狱般地难熬。

这天，大家眼前出现了大片沙丘，图木和图水看着地图，图木说："你们看，我们快要走出沙漠了。从地图上看，翻过这片沙丘，就能看到绿洲，力之部落就在这片绿洲里。"

"不过，"图水接过话继续说，"我们哥俩也有不能确定的。这片沙丘在我的印象中是没有的，不过沙漠

里沙丘是移动的，这个沙丘并不能作为认路的标志。所以，我们还是得对对指南针，只要方向不错，就不会出现大问题。

贾斯汀拿出了指南针，（课外小知识 13）他问克里斯和贾墨会不会用。毫无疑问，两人果断说不会。

贾斯汀说："你们看，这个 N 和指针重合，说明我们现在朝正北方向走。"

在指南针和活地图的双重指导下，队伍顺利通过了四个沙丘。在到达第五个沙丘前，贾斯汀对大家说："天气太热了，我们必须停下来，等到太阳下去一点儿我们再行动，翻过这座沙丘，可能晚上我们还要赶一段路。"

孔德林一屁股坐在地上，灌了一口水，说："谢谢队长，再走我就虚脱了。"

贾墨说："叔叔，这里不是被称为死亡沙漠吗？为什么我觉得一路平坦啊？"

贾墨"啊"字刚出口，孔德林一把捂住了他的嘴。"贾墨，小祖宗，有些话可不能乱说，我们要尊重这片沙漠，这样，沙漠才能尊重我们。"

沙漠的太阳实在太毒辣了，简直是一个 24 小时燃烧的火球，没有停下来的意思。大家热得已经快不行了，

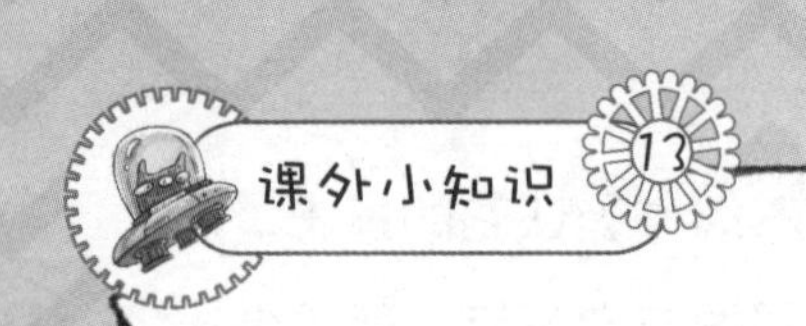

指南针

指南针古已有之，这个小小的磁针非常神奇，不管你走到哪里，它永远指着南方的位置。

为什么呢？科学家指出，地球是个大磁场，南磁极在地球的北端，北磁极在地球的南端，正是地球的磁场指引磁针指向南方。

古人很早就发明了指南针，并用它来辨别南北方向。

试一试

小朋友，在《四翼奇探：探秘能源国》里，贾斯汀就用指南针来给探险队指路，并教小朋友自己动手做一个指南针。小朋友，你们能用指南针辨辨自己学校的方向吗？自己动手画一画从家里到学校的地图吧。

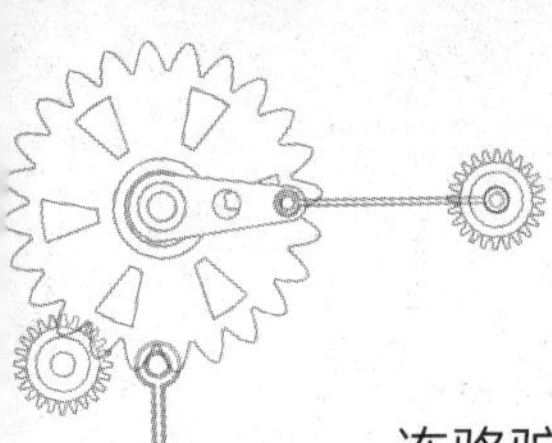

连骆驼也需要补充水分。即使面前的那片大沙丘，也无法抵挡阳光的照射，无法给予一行人一片阴影，哪怕只是那么一小片。

太阳一点点倾斜下来，大家整理了一下行囊又一次骑上骆驼开始翻越沙丘。这座沙丘很高，好在之前骆驼有了充分的休息保存了体力，队伍很顺利地翻越了过去。等到大家翻过这座沙丘，一看，全傻眼了。眼前出现一片片连绵不绝的沙丘，似乎没有尽头，地图上标着的绿洲根本不见踪影。大家仿佛看到沙漠正在用它的威严来反驳他们之前对它的不屑。

一个严峻的问题摆在队伍面前——迷路了。图氏兄弟的脸色异常苍白，贾斯汀也沉默起来。

“我们必须前行，不管有几座沙丘，我们必须将它征服。”孔德林挥舞手臂对大家说。

“切！”大家一起用“你说这些废话是为了犯二吗”的眼神瞪他，瞪得孔德林灰溜溜地走到了一边默默画圈儿。

“叔叔，队长大人！报告：我们每人还有两袋水，食物够吃 5 天，骆驼的驼峰还满着，也没生病的。不用这么愁吧！”贾墨欢快地说了一大串。

于是，六人重新坐下来，仔细看着地图重新规划线路。好吧，就当导航仪重启吧，目的地总会到达，大家乐观地想着。

沙漠的黄昏异常美丽，夕阳给每个人身上都镀上一层金光，连脚下的沙粒都显得格外温柔。然而这份美景并没有让大家的心情放松。

面对满眼黄沙，大家切实感受到那一粒粒细沙后面隐藏的自然的力量，每个人都沉默着。偏偏就孔德林一个人觉得浑身不舒服，他一会儿抓抓头，一会儿又嚷嚷风把沙子吹到了眼睛里了。克里斯则嘲讽他王子病又犯了，明明除了热，啥都没有感觉到。

眼看两人就要打嘴仗了，图水突然大喊："别吵了，是起风了。停下，队伍停下，把骆驼圈起来。快，快！把骆驼围成几个圈，大家躲在最里圈的骆驼身后，捂住嘴巴和鼻子，紧紧靠一起。把食物和水放身下，保护好水。"

图木不等图水说完，就开始行动起来。一瞬间，众人心里都打起鼓，不用细说，传说中的沙尘暴被他们遇上了。

只见远处的黄沙像黄色的巨浪，铺天盖地而来，巨大的风声四面八方地涌来，那排山倒海的气势，似乎要把挡在路上的一切事物抹平。人类，在这样的自然威力

前，如同沙漠里的沙子般渺小。巨浪般的黄沙似乎要把沙漠中的一切卷走。

六个人紧紧握着手，和骆驼们靠在一起。没有人说话，什么声音也听不见，狂风的怒吼已经盖过一切。高大的骆驼跪伏在沙地上，向自然的力量臣服。

四个大人把两个孩子护在最中间，在漫天狂风沙浪中，每个人只想感觉自己身边那个人的心跳和体温，唯有这样的温度，让绝境中的人感到一点安全和温暖，感到让自己活下去的力量。

不知过了多久，风沙平静下来。孔德林一点点清

醒过来。他挣扎着起来，沙子又软又细，他的耳朵、头发、领口都塞满了沙子，稍稍用力，身上的沙子像水一样地流下来。他只得轻轻地把脸旁的沙子先拍掉些，让鼻孔最先露出来，然后放肆地大口大口呼吸着空气。

孔德林再看看身边的伙伴儿，大家无一例外，全都成了小黄人。

“孔德林！”贾斯汀大喊。

“到！”

“贾墨！”

“到！”

“克里斯！”

“我在。”

“图水！”

“到！”

“图木！”

“图木！”贾斯汀又大喊一声。

没有人回答。大家伙儿顿时紧张起来。

孔德林大叫：“图大，图老大。”图水更是紧张得团团转。

“这边，这边。”一个微弱的声音传来，图水赶紧顺着声音找过去。“兄弟，来拉我一把。”图水这才发现，图木刚才用自己的身体顶在风口的位置。他不

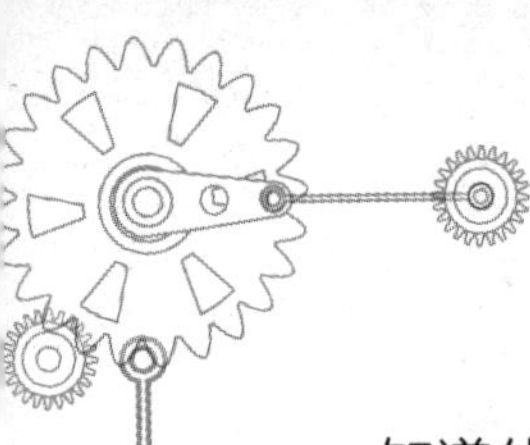

知道什么时候被大风掀了出去，好在经验丰富的他，死死抱住骆驼腿。虽然他的身子一大半都被黄沙埋住了，但他把头仰着，还能呼吸。众人赶紧把他从黄沙里拉了出来。

大家集合在一起，把所有剩下来的物资都整理了一下。排在最外圈的骆驼走失了两头，水袋也破了两只。所幸人没事，帐篷也在，谢天谢地，不管如何，到了晚上大家不用露宿在寒冷的沙漠里。

一切又恢复平静，只是明天该如何行走，他们的水和粮食已经不能维持多长时间了。大家齐聚在帐篷里一起商量着接下去该怎么办。

图木说："这次我们走运，要感谢前面的几座沙丘，沙尘暴在经过前面几座沙丘时能量已经被削减了不少，不然不知道会怎样。"

贾斯汀说："这里的沙子比我们刚进沙漠那段要细，这种细沙阻力大，行走更困难。我们需要用现有的材料给每个人的鞋底加一块大垫板，以减小我们对沙子的压强，使得我们不容易陷进沙子里，也可以阻隔沙子的热量对我们脚底的伤害。"（课外小知识14）

贾斯汀接着补充："最大的问题是，我们要找水和食物。沙漠里面变数太多，我们不能确定我们的路线一定能按计划进行，我们也无法估计到底还有几天能找到绿洲。我们需要准备一些袋子，路上遇到植物了，可以套在植物的叶子上，这样蒸腾作用产生的水蒸气就可以凝结在袋子上变成水。”他转过身对身边的图木说：“你们兄弟两个还要负责在沙漠里寻找动物，不管是蝎子还是蛇或者蜘蛛，它们都是很好的食物，动物的身体里含有高蛋白可以补充我们的体力。”

“好的，没问题。”

“队长，你还有什么要我们做的？”图水问贾斯汀。

“我现在就是假队长，你才是真队长！明天我们都要听你的。”贾斯汀笑着说。

“那……又没我这个二队长的事啰！”孔德林说完，大家都笑了。

能够在最恶劣的环境下保持愉快的心情，这是最重要的，这样就没有什么困境可以打败你。

有时人最大的敌人就是自己，因为害怕、失望而失去前进的勇气，所以人们往往输给自己。

既然大家决定不在最热的正午在沙漠中行走，于是他们每天早早起来赶在太阳还没有将它的热度全部奉献出来时就出发。虽然个个睡眼惺忪，但所有人都坚信，

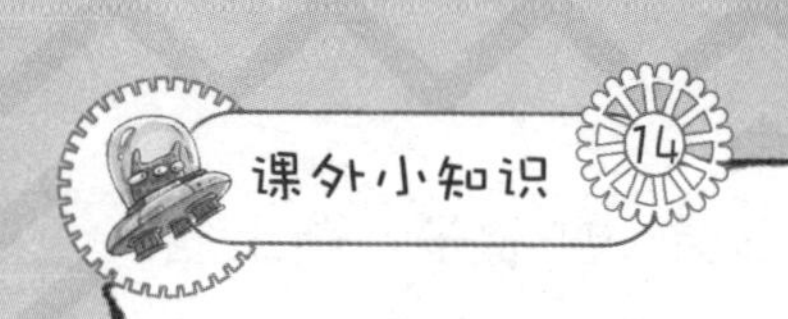

压强

小小的蚊子能用口器轻而易举地刺破皮肤，高大的骆驼在沙漠里行走时也不会深陷在沙中。这是为什么呢？蚊子很轻，但它可以把力用在尖锐的口器上，从而刺破皮肤。骆驼虽然重，但它的脚掌很宽大，增加了同沙漠的接触面积。这些使我们想到，压力对物体的作用，不光跟压力大小有关，也跟受力面积有关。

我们把物体在单位面积上受到的压力叫做压强，用来比较压力产生的效果。压强越大，压力的作用效果就越明显。

想一想

小朋友，你们可以开动脑筋，到网上去查查资料，看看在生活中，哪些设计是帮助减小压强，哪些设计是帮助增大压强。

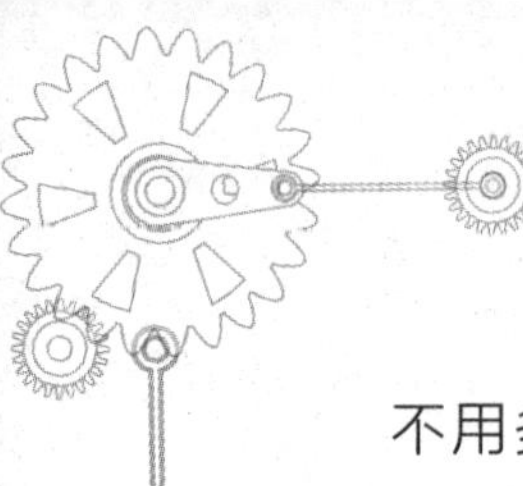

不用多久一定能走出这片沙漠。

贾墨穿着自制的沙漠鞋行走，一步一步像滑冰。他还时不时找出一块木板抱住，从沙丘上直接滑下去。啊，年轻人，真是在哪里都能玩出花样来。

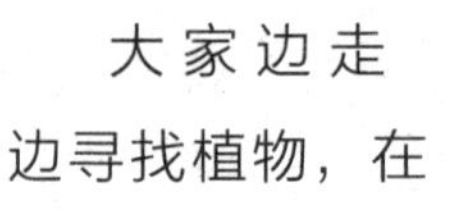

大家边走边寻找植物，在这片沙漠里几乎看不到什么植物，但是幸运的是，在正午到来前大家伙儿发现了几株仙人掌。

“天哪，仙人掌，这一根根刺的蒸腾作用实在是太微小了。”贾墨失望地说道，不过他还是老老实实地将塑料袋套在仙人掌上。

仙人掌并不能带给他们更多的水分，大家只能将仙人掌的刺拔去，把它拦腰砍断，然后直接吮吸、咬食它掌肉里的水分。

图木、图水在沙漠里一无所获，沙漠太热了，白天动物都不愿意出来，都躲了起来。

“只能在晚上找找，晚上试试在石头下应该可以找到一些动物，那时候，石头变冷，小动物们都喜欢躲在下面。”图木说。

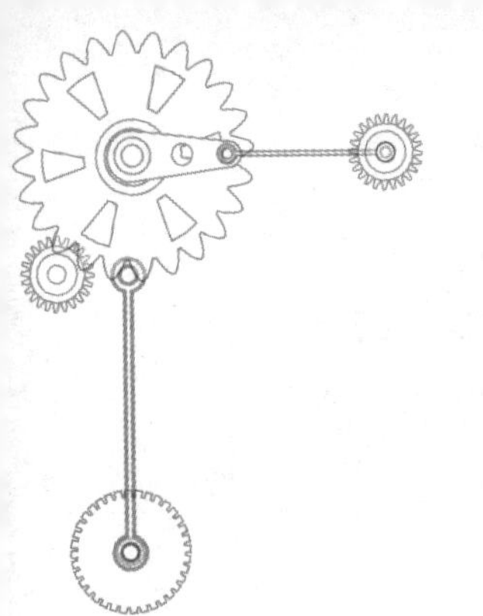

6

取道力之部落

沙漠里的行走摧残着众人的意志。毒辣的太阳，一望无边的沙漠，在没有参照物的黄沙上行走，既不知道自己在哪里，也不知道自己将到哪里。那样深沉的无望感，让两个无忧无虑的孩子都有点无所适从。所谓“死亡沙漠”，就是要将人的意志也消磨殆尽啊。

“绿洲、绿洲，快看啊！我看到绿洲了，我们就要走出沙漠了！”骑在骆驼上的贾墨突然大喊大叫起来，大家也统统兴奋地向贾墨所指的方向看去。

果然，远处的沙漠出现了一丛丛绿色的低矮灌木，

再远一点，有一小片杨树林，依稀可见绿树深处的房屋。虽然不能具体判断出实际的距离，但是大家觉得已经看见了希望，力之部落，眼看着就要到了。

“在我们没有探明里面的情况前，我们暂时不要靠近，我们先商量一下对策吧。”贾斯汀队长显然并没有被贾墨的兴奋传染。

“我们需要派人去部落探听清楚里面究竟发生了什么。”孔德林也同意。

图氏兄弟说：“那这任务就是我们兄弟俩的了。我们两个最能打。”

孔德林瞪了他们一眼说：“能打？又不是让你们去打架，再怎么能打，你们对付得了成百上千的部落士兵吗？”

贾斯汀说：“你们都别吵了，还是我去吧。你们一去，那张脸就暴露了，部落里一定有人去过机械国首都，见过你们兄弟，部落里也一定有人认识德林。我的脸一看就是外乡人，是来这里旅游的，谁也不会注意我。”

“是啊，你说得有道理。像本王子这样帅的，照片早就传遍了部落。一去就得惹麻烦，还真是不好办啊！”孔德林第一时间响应了队长的话。

于是，大家一致恭送队长大人前往部落打头阵，剩下的几个人就待在部落边缘的一个小绿洲里，装作游客

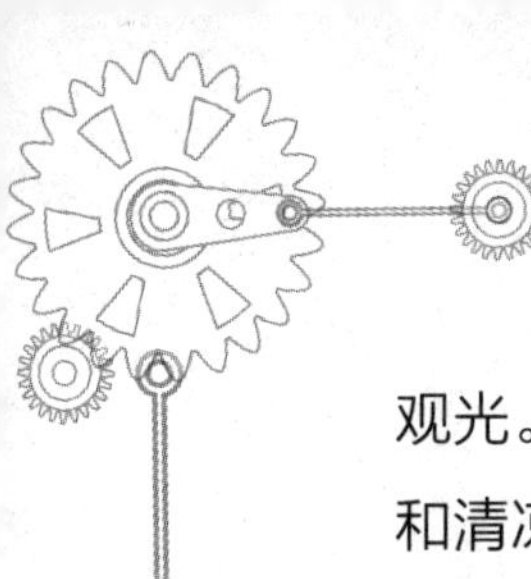

观光。这里有一些当地人开的度假庄园，满园的葡萄架和清凉凉的井水，把贾墨和克里斯高兴坏了，这简直是天赐一个假日给他们。前一段沙漠苦旅的痛苦瞬间被他们抛到九霄云外。

最妙的是，这里不愧是力之部落，园子里的水井都有用精密的滑轮组做成的吊杆，方便打水。葡萄架也有很方便的机械喷水装置，用最省力省水的方式来浇灌。这些东西就够这两个家伙研究了。

看两人撅着屁股跑前跑后的，正眼也不甩他，孔德林心里很不是滋味，他这个机械国王子戳在这里，真是一点存在感都没有。

孔德林和图氏兄弟很无聊，白天只好在园子外面转悠。他们两个发现，在距离庄园不远处，稀稀拉拉长着几排树，树下竟然有一条浅浅的小水沟，只有半米宽。水沟里流的水不太干净，里面混杂着泥沙，显然不适合饮用，因为这里人少，所以也没有人想着要利用它。

孔德林想，闲着也是闲着，让我给这帮小屁孩露一手吧。

孔德林对图木图水说："看着，我回去要自制一个滤水器，（课外小知识15）算为这里的居民谋福利，顺便让那两个小孩开开眼界。"

"滤水器？"克里斯好奇起来。虽然克里斯姑娘是

不折不扣的学霸，但是动手做绝对是她的软肋，一听制作，她立刻成了充满好奇心的围观客。

“是啊，我们把沙子装在一个瓶子里，再在瓶子底部戳一个小孔，然后从瓶口把小池塘的水灌进去，这样脏的水通过沙子从底部小孔流出来，经过这样初步过滤的水就成了日常生活可以用的干净水了。”

“哦！对啊，我在书上看到过，因为沙子颗粒小，沙子聚在一起时表面积大，而沙子表面都带有一定的自由电子，水中也有很多带电的杂质颗粒，沙子的自由电子遇到水中的杂质颗粒，会凝结沉淀，这样起到了净化水的作用。”贾墨得意洋洋地卖弄自己的知识量。

“小贾墨真厉害啊。”孔德林竖了个大拇指。

另一面的贾斯汀却没那么轻松了。贾斯汀先是搭了一辆运送物资的车，这车的目的地正是力之部落的主城。开车司机

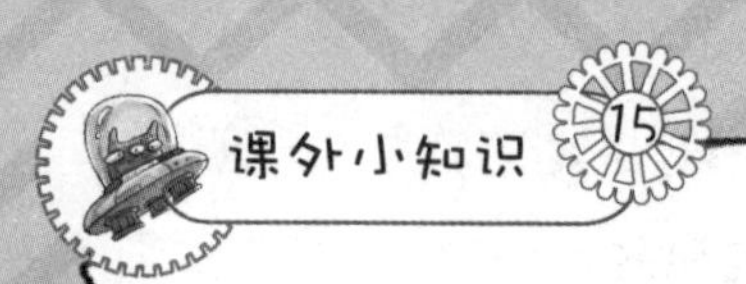

过滤器

来，让我们看看，孔德林制作过滤器的完整步骤。

1. 准备一个过滤用的容器，需要一个大的可以装下几层过滤材料和大量水的容器。

2. 在底部钻孔。用锤子和钉子，或者其他工具在容器底部钻一些小孔。这些孔应该大到可以让水经过，但又不至于大到用来过滤的材料也可以通过。

3. 把过滤材料铺到容器中。底部的第一层是防止沙子流出容器底部。我们可以把细纱布铺在底层。

4. 在纱布上加几层碎石。碎石可以过滤水并阻止沙子流到太靠近底部洞口的地方。

5. 倒入几厘米高的沙子。沙子是过滤水中大部分杂质的材料。需要几厘米厚的沙子才能有效地过滤，所以千万不要放得太少。

6. 用净水器过滤水。把水从容器顶部倒入，这样水可以流经沙子、碎石层和底层。当水从底部的洞流出的时候用另一个容器接水。这时候的水应该已经干净并可以饮用了。

试一试

小朋友，你们也可以按照这个办法来自己动手做一个过滤器哦！在下面的方框里，画出你制作的过滤器吧！

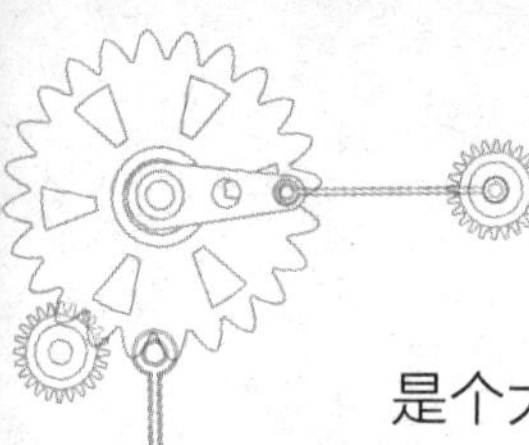

是个大高个子，在茫茫沙漠里穿行了六七天，寂寞得发慌。看到贾斯汀要搭车，他觉得终于找到人说话了。司机热情地捎带上贾斯汀，带着他一路奔向力之部落主城。两人不一会儿就熟络起来，称兄道弟地聊起天来。

还真是没看出来，这位司机大哥可不是普通人，他竟然是汽车拉力赛的选手。这次是受到力之部落一位朋友的拜托，帮他紧急运输一批物品，要在限定期限内从首都运送到部落主城，除了穿越沙漠，别无他法。

“大哥，你可真了不得！”贾斯汀想着他们几个人的冒险之旅，再看这位司机，那可真不是一般的伟大，“单人单车穿越沙漠，真汉子！”司机听到这样的夸赞，浑身受用。

物资车一路前行，停停走走，最终在漆黑的夜里，停在了一栋大楼前。这栋楼比周围的房子高出两倍，高大的围墙，大型的花园，正门口守卫着的保安，这一切说明，这是一处高级场所。贾斯汀留意着大楼的名字——晨新饭店，他把这个名字默默地记在脑海里。

他们的车只能绕到大楼的后门卸货。人还没下车呢，外面人就抱怨上了。

“怎么那么晚才来？等你等了两天了。”

“这不，路上遇到了沙尘暴，我好不容易才脱险，能活着回来就该感谢老天爷了，哪儿来的那么多废话！赶紧卸货走人。”

贾斯汀偷偷问司机："大哥，谢您啊，小弟帮您卸货吧。您这都是什么货啊，干吗用的？这么大一车，你一个人怎么忙得过来。"

司机一听，如同遇到知音，在脑子里憋了几天的牢骚话，总算找到人倾诉了。

"兄弟，可不是嘛！这沙漠的鬼天气，说起风就起风，说下沙就下沙。我这车可是千里挑一的赛车改装的，这帮没眼色的，把它当运输车。"

司机说着，突然压低嗓门对贾斯汀说："嘿，哥们，看在你一路陪的分上，跟你说吧，这车上的东西说是给部落里面那些官老爷用的，要得急得很，这才非要我穿沙漠走近路。这帮官老爷，只知道催催催，哪里管我们一路的危险。大爷我还就不干了。"

说完，他扔给贾斯汀一身制服，说："帮忙把货卸了运进去。这栋楼是我们这里最著名的五星级酒店，专门接待外国来访使者，有钱有权的人也爱住这里。里面大得很，管得严，你可别在里面乱走，被保安抓起来，哥可管不了你。赶紧干完活儿，咱俩再去逛。"

贾斯汀一听，正中下怀，赶紧接过制服，扛着货物，跟着前来引路的保安进了楼。

楼里果真戒备森严，保安边盘问边检查物资车上的物品。贾斯汀跟着保安进了楼里，放下物品后，又装着找厕所，凭着自己超强的记忆力，他把楼层的地形情况

摸了一遍。

贾斯汀突然发现，在一层楼的角落里有个小房间亮着灯。他摸过去一看，房门紧闭，房间里面一共有四个人，正商量着什么。听四个人说话，也不太像本地人，贾斯汀偷偷站在墙外角落里，竖着耳朵听他们的谈话。

“今川将军，我已经将部落里的曾小胖公主控制起来，她就在这栋楼里。有她在手，首领根本不敢不听我的。我把部落的四大长老也绑了起来，现在我们可以对其他部落动手了。”

“动手？我刚接到消息，机械国的孔德林王子已经出发来力之部落了。如果他选择穿越沙漠，那他说不定已经到这里了。在他身上应该藏了一张设计图，这张设计图的内容足以让他们摧毁我们统治整个世界的梦想。”

“啊！有这么厉害吗？那我们怎么办？是不是只要抓住王子，抢到设计图，我们就可以征服世界了。”

“哼哼，有了这张图，什么力之部落首领、机械国国王，这些虚名你都不会放在眼里。”

“但是将军，我们虽然抓住了曾小胖公主，但这公主却是个大麻烦。她常常乱发脾气，一发脾气就乱扔东西，抓什么扔什么。发完脾气就乱吃东西，拼命吃拼命吃，不光吃零食、鱼肉，还要喝饮料。最近看管她的人说，公主每天就能吃掉我们半个兵营的食物储备。沙漠里本来食物就少，这样一来我们也撑不住啊！”

“你们这群笨蛋，一个小胖妞就把你们拿捏住了。她想发公主脾气，你们就饿她几天，看她能怎么办。”

“是……是，将军，这公主病是得治，得治。”

“嗯！不过你们还得好好看着公主，有了她，我们才能牢牢控制住首领和四大长老。”

“是！”

……

他们的对话全部被贾斯汀记在了心里，今川将军他怎么会在这里，他们说的公主又是谁，那张设计图果真有如此威力吗？

带着这些疑问，贾斯汀决定先回去，好好跟孔德林商量对策。他小心地摸到楼梯口。那位司机大哥已经急得团团转了，贾斯汀赶紧跟着司机走出了大楼。

第二天，贾斯汀带着消息赶回去跟众人会合。

大家聚在一起，分析着队长带回来的情报。孔德林又喜又忧。喜的是，力之部落的首领并没有脱离机械国的打算。忧的是，今川将军的势力显然控制了部落高层，还抓住了首领的女儿，这一来，救人成了当务之急，必须得把曾小胖公主救出来才能知道力之部落到底发生了

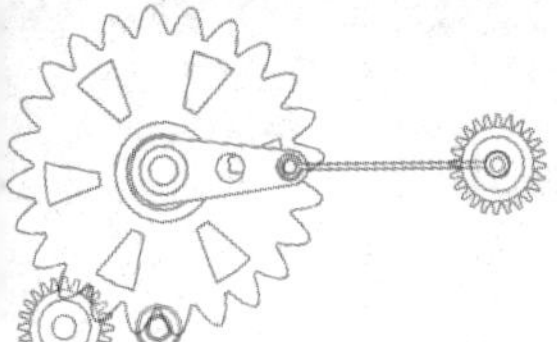

什么巨变。

“晨新饭店，这是力之部落安保等级最高的饭店，这家饭店一向是部落首领接待重要人物的地方。这里守备森严，围墙高，围墙上还架着高压电，想翻墙进去，那简直是找死！”孔德林略微烦躁地踱着步。

虽然他们几个号称四翼奇探探险队，但这支队伍一向靠的是高智商，实打实地动手打架，破屋抢人，这样的活儿真是从来没干过。

他转向图氏兄弟道：“两位，你们怎么看，闯进去可能性有多大？毕竟，这里真的就你们两个最能打！”

被点到名的图木明显不在状态，他诧异地看着孔德林，说：“闯？！王子，我们是来保护你们的，没有想过要单兵作战。而且，这趟出来，我们没带武器啊！晨新饭店是什么地方，饭店布防图有吗？对方有多少兵力部署？有重型武器吗？公主关押在哪里……”

图水用看傻瓜的目光盯着孔德林，说：“硬闯这活儿，是看团队武力值的。”

好吧，被鄙视的孔德林自己也觉得自己是个白痴。图氏兄弟精准地踩住他的痛处，团队武力值——四翼奇探有吗？这团队的武力值就是个渣啊，打嘴炮的高手倒是有！孔德林这么想着，不自觉地瞟了

一眼克里斯，还好，克里斯的天才智商也无法预计他此时此刻心里的真实想法。

图氏兄弟的话让大家都不由得沉默下来。

“我们不能直接住进饭店吗？”贾墨突然发话打破这尴尬。

“是啊！孔德林，你不就是重要人物吗？王子出访啊！”克里斯也插话，“直接住进饭店去，不就可以有机会去找那个公主了吗？”

“可不是！”贾斯汀一拍巴掌，说：“这个方法简单直接，我们大人把事情想复杂了。德林，你和图氏兄弟带上我们，以出访为由，完全可以光明正大地入住饭店，求见首领。今川将军也不能阻拦你，你还可以要求他见你呢！正好正面拖住他。我带贾墨和克里斯去把公主救出来。”

“对呀！好主意！”孔德林拍着大腿说，“克里斯，你果然天才！”

“切！注意智商！”克里斯对孔德林的夸赞毫不领情。

大伙儿终于确定了行动计划的第一步，可是怎么撤出饭店，又成了难题。

贾斯汀挥挥手，说：“不纸上谈兵了，咱们先去救人，找到公主，先问清情况，再想撤出饭店的事。船到桥头自然直，救人要紧，出发！”

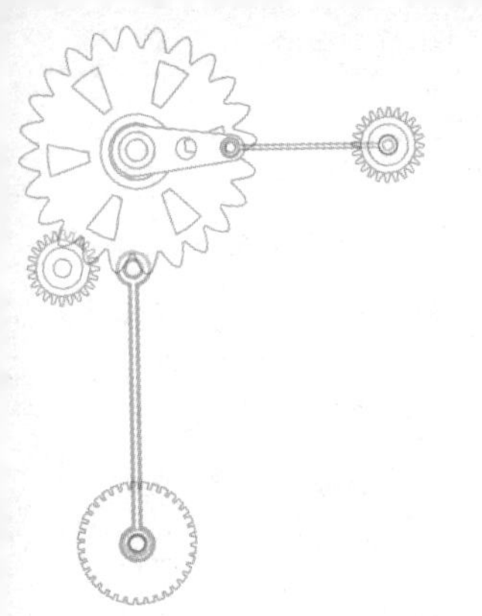

7

史上最帅的王子

“啪！”一叠报纸被重重摔在桌子上，报纸后面露出今川那张阴沉的扑克脸。那叠报纸的头条无一例外皆是“德林王子携友来访”“王子探访力之部落”“德林王子非正式出访力之部落，意在何为”一类。斗大的字体，配上孔德林露出八颗牙齿的笑容照，显示出媒体对孔德林突然出现在力之部落的惊喜，而这样的笑容却让今川看着觉得格外碍眼。

自从得到孔德林前往力之部落的消息，今川就派出亲信把守在机械国首都到力之部落的要道上，只等孔德林一出现就将他拿下，把他身上的图纸带回。可惜千算万算，他没有想到，他以为的吊儿郎当的公子哥儿，竟

然真的选择穿越沙漠来到力之部落。

来了也好，今川想，在我的地盘，我正好把你们一网打尽。上次在甲信国，我大意被你们摆了一道。幸亏我机智，我手下的人把我从甲信国救了出来。我正要找你算账，你竟然自己送上门来。

今川本已派出心腹士兵，打算跟踪孔德林的行踪，神不知鬼不觉地将他们几人偷偷绑来。哪知道这家伙一不躲二不藏，大摇大摆就住进了晨新饭店，还搞得跟明星一样，高调炫帅，走到哪儿后面都跟着一屁股的长枪短炮，让人没法下手。今川一想到这些就恨得牙根痒痒。

偏偏一个倒霉的士兵这时推门而进，一对上今川那阴冷的目光，小兵不由得双腿打颤。

“说说看，外面什么情况，跟的人发现了什么？”

“报告……将军，王子一出现，就有大量女粉丝围上去，我们的人都被这些人挤得没法靠前，我们，王子……”

“滚！去叫那些废物进来开会！”

可怜的小兵低头含胸仓惶退了出去。

晨新饭店的大厅前所未有地热闹。饭店总经理已经把安保人数加了三倍，对王子的各路女粉丝及记者严防死守，对进出酒店的人员更是严格登记。

在三楼的房间里，孔德林频频催促贾墨赶紧画出饭

店楼层的布局图。这几天六人按照原定计划顺利开展营救步骤。孔德林把自己的全部行程透露给媒体，所到之处无不是人头攒动，今川在暗处布置的监视人员根本无从下手绑架。而贾斯汀带着贾墨和克里斯趁机把晨新饭店的楼层布置摸得一清二楚。

饭店顶层全是会议室，这几天因王子入住，这个楼层基本不对外开放，访客和住店的人则很少会到这一层来。但是贾墨和克里斯细心地发现，每天都有一个大妈推车装着大量的食物来到这层。

没错，曾小胖公主就被秘密软禁在一间会议室的小隔间里。虽然她不能自由行动，但显然今川一伙儿也没有真的对她进行饥饿折磨。

贾墨和克里斯没有贸然行动，他们仔细地记录下大妈的送餐时间以及守卫人员换班的时间，楼梯和安全通道以及每一扇窗口的位置和细节，这些细节是保证营救

行动有效的关键。

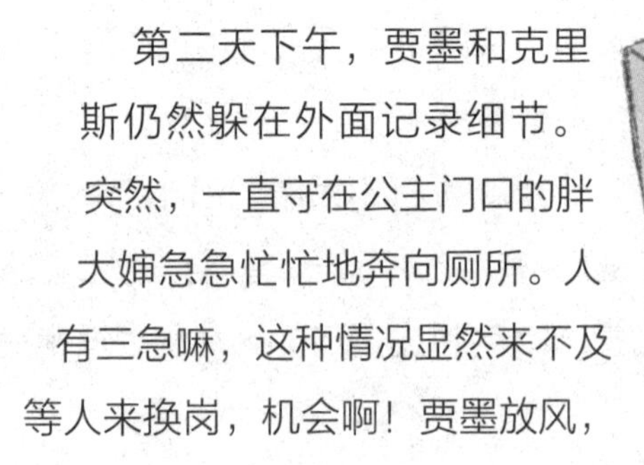

第二天下午，贾墨和克里斯仍然躲在外面记录细节。突然，一直守在公主门口的胖大婶急急忙忙地奔向厕所。人有三急嘛，这种情况显然来不及等人来换岗，机会啊！贾墨放风，

克里斯则闪身进了关押公主的小房间。

万幸！面对突然进来的陌生女孩，曾小胖公主丝毫没有尖叫，她镇定地问克里斯：“你是德林王子的朋友吗？”克里斯惊讶地看了一眼公主，这个胖胖的小姑娘显然智商跟体重是成正比的。她圆圆的肉乎乎的可爱脸上，一双晶亮的眼睛盯着克里斯。

“我被抓到这里后一直故意乱发脾气，故意要大吃大喝，我假装成只会发脾气没大脑的样子，就是想让今川那伙人放松警惕，另外我也想用这法子吸引有心人的注意。这几天，外面闹哄哄的，能听到好多女生尖叫喊德林王子的名字。看守我的人也少了，我就在想，德林王子会不会注意到酒店里的情况，会不会知道我在这里呢？”

“聪明！”克里斯很开心，和聪明人说话不用费劲。克里斯三言两语说清了他们的救人计划。

曾小胖开心地说："哦，谢谢你，克里斯。请转告德林王子，撤出饭店不是问题。我随身带着我们力之部落的秘密武器，今川这个叛徒他压根不知道。等你们准备好了，我跟你们走！"

克里斯虽然不清楚曾小胖的秘密武器是什么，但她觉得这个小姑娘并没有因为关押变傻，她这么沉着冷静，反而增加了他们营救的信心。克里斯偷偷塞给曾小胖一个通讯联络器，告诉她，他们一旦行动，这个联络器就会闪红光。到时候，他们里应外合，一起向外突围！

贾墨和克里斯带着这些信息回到房间，六人凑在一起迅速制定出营救计划。

夕阳已经渐渐西沉，天幕慢慢变成了深蓝，白天的热浪和喧嚣也随着太阳退去。夜风习习，淡白的弯月出现在天空，三三两两的人们在街头闲逛，谈论着白日的趣事。

"啊，终于安静了！"晨新饭店的总经理抹着头上的汗，舒服地喘了一口气。白日里，他要应对各路媒体，又要时不时向今川将军汇报贵客的行踪，真是一个头两个大。

就在总经理坐下喝水的工夫，一个店员推门而进，

嘴里喊道："头儿，赶紧去门口看看。不知道怎么回事儿，大门口聚集了一大堆记者，还有好几辆采访车把路都堵了，里三层外三层围着我们饭店。客人都没有办法进门了。"

"啊？保安呢！什么情况，调查了吗？"

"这段时间保安都全员上班，头儿，大门那里没有人手可派了！具体情况还不清楚。"

"蠢蛋！把楼层的保安抽调到大门口去应急！"总经理听也不想听，他急吼吼地往大厅冲去，不用问，用脚指头想想也知道，又不知是王子的哪路粉丝上演围城计了。他还没跑到大厅，又一个手下风风火火跑来。

"头儿，王子请你去三楼贵宾厅！"

"哧！"总经理觉得心口已经闷出一口老血。天啦，他这都是招谁惹谁了！

没奈何，他一边擦汗，一边脚底生风地走到孔德林所在的三楼贵宾厅。

孔德林正经端坐着，见了总经理，劈头质问："门口怎么回事儿？我今晚要出门会客。大门这个样子，我怎么出行？我的行踪为什么媒体会知道，总经理，请你给我解释一下！"

面对孔德林的质问，总经理的脸都快扭成苦瓜了。

他在心里只叫屈："这些神烦的事儿，可不就是您这祖宗惹来的嘛！还怪我了！"

总经理陪着最谦卑的笑容，低声对孔德林说："王子，这也说明您太受部落人的欢迎了。我并不知道媒体如何得知您的行程安排，但您看，我能为您做什么？"

"我也知道，这怪不得你！我这么受欢迎，真是想不到啊！不过，我既然是你的客人，你就应该保证我的安全。我一会儿要出门会友，我不想让前门这些媒体知道，你看怎么办？"

"啊，王子，这个请交给我。"总经理一看，孔德林这个要求真是太小意思了，他赶紧殷勤地说："我们饭店后门还有一个通道，如果贵客不愿意惊动媒体，我们会请他从饭店后门的 VIP 通道离开。"

孔德林坐这儿半天，就是为的这句话。他暗暗对站在一边的图木递了一个眼神。图木会意，对总经理说："我随你去，尽快给我们安排一辆越野车，我会先在后面等着王子。前门的媒体，你来稳住，待王子离开后，再通知他们。保安人员都调往前门，免得人太多，出现安全问题。"

图木一席话，说得总经理连连点头，他赶紧带着图木先行离开了。图木出门时，将左手背在身后，对孔德林比了一个"V"字，那意思就是"动手"。

孔德林转过身去，跟贾斯汀对了个拳，贾斯汀立刻按下了手里的通讯联络器。另一边，贾墨、克里斯带着图水守在最顶层，克里斯一看到联络器上红灯闪烁，对着图水努努嘴。图水一脚踹开了关着曾小胖的房间门。

守在门口的胖大婶立刻吱哇乱叫起来，图水顺手操起一张椅子将胖大婶打昏过去。克里斯和贾墨冲进门，他们跟曾小胖热烈地拥抱了一下。几个人来不及说话，带着曾小胖迅速冲了出来。

哇，第一步行动顺利进行！曾小胖一见到孔德林禁不住流下泪来。这么多天的焦急、委屈、无助让这个不识愁滋味的小姑娘一下子成熟起来。

“德林王子，今川将军囚禁了我。今川将军从甲信国逃回来，他对我爸爸说，你带人到甲信国，是要把甲信国的技术带回机械国，废除机械国使用力的传统。今川将军说他可以研制新武器壮大力之部落。爸爸相信了他。可是，他想挑起力之部落和机械国的战争，他想要我们交出力之部落重要武器的秘密。我爸爸，宁可被关起来，也不希望部落的人民陷入战争中，更不希望保护部落平安的武器成为满足他个人私欲的凶器。”曾小胖的三言两语也让孔

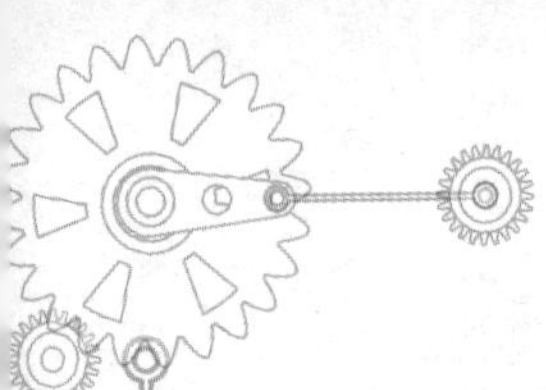

德林明白了事情的来龙去脉。曾小胖扬扬手中的箱子，“秘密都在这里，今川这个笨蛋，他以为这是我的玩具箱呢！”

德林紧紧拥抱了曾小胖。这小胖真不简单！说真的，孔德林在来的路上想过很多种力之部落的情况。唯独没有想到，当年的小胖妞竟然成了这么一个勇敢、聪明的姑娘。

贾斯汀打断了孔德林和曾小胖的叙旧，对大家说：“走，我们赶紧撤出去！”

孔德林带着大伙儿，装作出门会客，在总经理的指引下，偷偷地从饭店后门溜了出来。图木开着一辆越野车，静静地停在后门。此时，夜色已浓，饭店的后门位于一条偏僻的街道上，高大的树木静静地立在路的两边，把饭店正门喧嚣的人群和闪烁的灯光一起掩在了夜色中。

“队长，我们怎么走？”孔德林一上车就嚷嚷。

今天，他装模作样地端了一晚上的王子范儿，简直觉得自己话都不能好好说了。一上车，这家伙就把端庄样儿抛到九霄云外，立刻恢复了耍宝多嘴的本色儿。拿主意这种累心的事儿，还是交给贾斯汀做吧。

“我们不能穿沙漠了，来不及准备，我们还是直接

开车回机械国吧，然后想办法，把力之部落的首领们救出来。”贾斯汀果断地说。

“嗯！”大伙儿都觉得这办法不错。

8

小胖公主的秘密武器

黑色的越野车平稳地行驶在路上，一切都很平静。孔德林简直开心得想唱歌。

“叔叔，我们是不是太顺利了？”贾墨突然在后座上发问。

“对呀，一路怎么都没有人拦。我们这就出城了吗？”克里斯也发问。

“是啊，我还没弄清楚，那张图纸是什么意思呢！”孔德林也在一边嘀咕。

一种不安的感觉笼罩着大家，可究竟哪里不对劲儿又说不出来。图木甚至放慢了车速。贾斯汀想了想，问曾小胖："公主，既然你父亲和部落的高层都不愿意脱离机械国，那么，力之部落其实是一个很团结的集体，高层之间并没有分歧，照道理，你们的士兵不应该听今川的调派啊！"

一听贾斯汀的问题，曾小胖低下了头。"你们不知道，力之部落的武器都是根据力学原理制成的。部落的军队分别为重力部队、浮力部队、弹力部队、摩擦力部队，每个部队都有自己的特殊力学武器。大家相互不服气，都觉得自己的武器好。今川将军来到力之部落后，一直在做武器的研究，他总说要打造一种综合性的智能武器——机器战士来取代旧的武器。不知道他用了什么方法，真的研究出了一种机器战士。"曾小胖说到这里，眼里流露出又恐惧又向往的神情。

"那种机器战士真的很可怕，一旦研究出来，今川就想要用它来替代力之部落的其他武器。爸爸觉得这种机器战士太凶残，不肯答应。其他四位叔叔也说不能把自己的特色武器丢掉。就这样，今川就把他们全都抓了起来。把我囚禁起来，逼着他们答应他的要求。"

曾小胖说到这里，情不自禁地流下泪来。

孔德林拍拍她的肩，豪迈地说："有我们呢！让今川的那些机器战士见鬼去吧！机器战士，机器战士，啊，

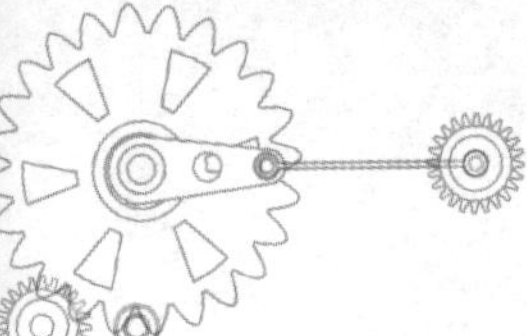

奇怪，怎么总觉得哪里好熟的样子？”孔德林拍着自己的头，啊，有那么一丝儿念头是他想要抓住的。

“机器战士，图纸！”克里斯叫起来，“孔德林，你的那张图纸不就是什么机器人吗？”

说者无心，听者有心！“停下，快停车！掉头，原路返回！”贾斯汀大叫起来。众人懵了，不解地看着他，贾斯汀着急地说：“如果那张图纸是武器制作图，今川的目标就是德林。难怪我们那么顺利就离开了饭店，他一定是想等我们出了饭店，把我们一网打尽。现在，我们待在饭店反而安全。”

贾斯汀话音刚落，只听见不远处传来汽车的轰鸣声，不用说，今川带人追了上来，现在撤退已经来不及了。图木一踩油门干脆冲了出去。还是晚了，后面的车越追越近，大家都焦虑起来，急切之下，一时也想不出什么好办法。

“打开天窗！”曾小胖叫道。说完，她从她的箱子里拿出一架奇怪的装置。曾小胖从天窗口伸出装置，对着后面的车一通猛扫，这个管口里喷出的既不是子弹，也不是激光，而是一种高压液体。大家十分不解。

“轰隆隆！”后面的车突然轮子打滑，车身歪向一边。开车的人拼命踩刹车，显然没有用。一辆车一边打滑，一边歪着身子冲向其他车。轰，轰，轰，车身同其他车撞在一起后，又冲向路边，将路旁的大树也撞歪了。司机手忙脚乱，气得哇哇大叫。

“漂亮！”贾墨激动地大叫起来。“那是什么？”他好奇地问曾小胖。

“专用润滑液！”曾小胖得意地说，“摩擦力部队的秘密武器。一滴液体能使物体间的摩擦力（课外小知识16）趋向零。涂在鞋子上，鞋子能变溜冰鞋哦！”

后面有追兵，掉头回去看来行不通。图木硬着头皮继续向前开，贾斯汀紧紧皱着眉头，思索他们到底该往哪里去。

贾斯汀盯着孔德林看，孔德林在这样的目光下不自觉地浑身一抖，“老大，你什么意思啊，这样盯着人很吓人的！”贾斯汀若有所思地说：“德林，你说，我们在甲信国决斗时遇到的今川将军，跟你爸爸提到的今川将军是不是一个人呢？如果不是，那他从哪里来？很多问题，我们都没有弄明白呢！”

孔德林一拍大腿，说：“嘿，老大，你也想到了吧。

摩擦力

摩擦力是一种很常见的力。两个互相接触的物体，当它们相对滑动时，在接触面上会产生一种阻碍相对运动的力，这种力叫做滑动摩擦力。摩擦力的方向与物体相对运动的方向相反。

在生活中，摩擦力有时是有用的，我们要想办法增大摩擦力，比如，人跑步时要利用鞋底与地面间的摩擦，这时要增大摩擦力。有时，摩擦力起到阻碍作用，比如，在机器工作时，运动的部件间产生摩擦，这种摩擦会消耗动力，磨损机器，我们就要想办法减小摩擦力。

想一想

小朋友，你们想想，在生活中，哪些情况需要增大摩擦力，哪些情况需要减小摩擦力。举个例子，把它写在下面的方框里吧。

我看我们后退不行，前进也不知道会遇到什么。干脆，我们转道甲信国，去问个究竟！”

图木正准备转弯，突然，一群荷枪实弹的士兵出现在车的前方，把前进的道路完全挡住了。而身后，一阵奇特的机器轰鸣声从远处传来，这意味着，追兵越来越近了。

一个军官模样的人从队伍里走出来，礼数周到地对车敬了一个礼，军官彬彬有礼地说道：“德林王子，将军恭请您前去做客。”

当然，这样虚情假意的邀请不可能骗过孔德林，孔德林注视着这人手上的枪和他身后荷枪实弹的士兵，飞快地盘算：打还是不打。

正在大家踌躇时，曾小胖从她的箱子里又取出了第二件武器。这是一只模样古怪的管子。它由一根根小圆管组成，每只小圆管都能发射一颗像玻璃珠子的子弹。

“这是什么？”克里斯问道，“真的好像玩具啊，有用吗？”

曾小胖看了克里斯一眼，一言不发。

她仍然从车子的天窗伸出头，瞄准军官，啪的一声轻响，数颗圆珠子发射了出去。

没有火光，没有爆炸声，大家摸不着头脑。只听见“哎哟，哎哟”的声音，士兵们东倒西歪地摔了一地。

“弹力子弹。”（课外小知识 17）曾小胖跟不明所以的几个人解释。“这是我们弹力部队的秘密武器。这些子弹并不伤人，他们击中人体，会在作用力的推动下反弹回来，遇到物体后，再次反弹。这样的神奇子弹并不伤害人，只不过利用力的作用，将阻挡它的物体推向一边。”

“难怪，它只能打人一个措手不及，其实不能把人怎么样。”克里斯一针见血地说。

图木也看出来了弹力子弹威力不够，不过能造成混乱，这就够了。他趁众人摔倒之时，一打方向盘，飞快地把车拐个弯，沿着大路，向甲信国的方向急驰而去。不过，后面的车灯也越来越亮。显然，今川的人马并没有被甩掉，还在后面拼命追着。

怎么办！

贾墨眼巴巴地望着曾小胖，“公主，秘密武器还有吗？”曾小胖也吓得快哭了。“怎么办？怎么办？我还只剩下一个浮力武器了。”

“快拿出来用啊！”孔德林大吼。

“我不会安装啊！”曾小胖真的急哭了。

“噢！”克里斯轻轻在心里叹了一口气，唉，同路

弹力

直尺、橡皮筋、撑杆等，在受力时会发生形状改变，不受力时，又恢复到原来的形状，物体的这种性质叫做弹性。

我们在压尺子、拉橡皮筋时，感受到它们对手有力的作用。物体由于发生弹性形变而产生的力叫做弹力。放在桌面上的水杯受到桌面对它的支持力，支持力是弹力，桌面受到水杯的压力，压力也是弹力。

想一想

根据弹力的性质，人们制作了测量力的大小的工具，叫做测力计。测力计主要部件是弹簧，在弹簧的弹性范围内，弹簧受到的拉力越大，弹簧就伸得越长。根据弹簧伸展的长度来表示力的大小。

小朋友，在网上查查资料，自己找一个弹簧秤，拉住弹簧秤的挂钩，使

出不同大小的力来观察感受一下弹簧称的变化。在下面方框里，画出变化示意图吧。

人啊。

“下车！”贾斯汀果断挥手。“我们来安装，赌一把吧，反正跑也跑不过。”

曾小胖拿出了她的最后一件秘密武器——浮力武器，（课外小知识18）其实就是她的大箱子和一张图纸。贾斯汀一看图纸，笑了！这浮力武器的核心装置其实就是一个热气球嘛！不过，力之部落的浮力武器设计得极其精巧，各个部件分拆开后可以拼装出一个箱子，用来装载人，而一眼看上去，又像行李箱很有迷惑性。另外，这个浮力武器还有一件精巧的加热装置，可以迅速有效地让热气球上升。所有材质都能防弹防火，力之部落确实将这种装置设计得实用至极。

大家二话不说，自动分工，各自动起手来。孔德林和贾斯汀配合装配热气球，贾墨在一旁打下手。图氏兄弟负责警戒，而两个女孩则被护在最中间。

不远处，一阵轰隆隆的声音慢慢近了。一个巨大的机器怪物由远及近地开过来，最终出现在眼前，今川将军带着一群人就坐在机器怪物里。只见机器怪物的一只手“砰”的一声就把停在路边的车子顶部砸出了一个大窟窿。

六个人被这种景象吓得叫出声来。

“快，快！女孩先进来。”孔德林招呼两个女孩赶紧站进热气球下面的箱子里。

“啪！”贾墨已经点上火，给整个装置加热，要让热空气向上流动起来。

盛物箱还没有完全装好，七个人觉得心急如焚。

“你们休想跑掉！”今川在机器怪物里哈哈大笑。他操纵机械手像挑一根鸡毛菜一样，将他们的越野车一把举在空中，轻松地扔向了一边。

啪啪啪，曾小胖向着机器怪物发射弹力子弹，可惜，机器怪物太大太重，这点反弹力只是让它微晃了两下，并没有造成什么伤害。曾小胖急了！

机器人迈动脚步向前走，同时，一只手慢慢伸出来抓向众人。哧哧哧，克里斯又抓起曾小胖的液体枪，不管不顾地喷出许多润滑液。

“收起你们的玩具吧，妈咪的小宝贝们！让你们见

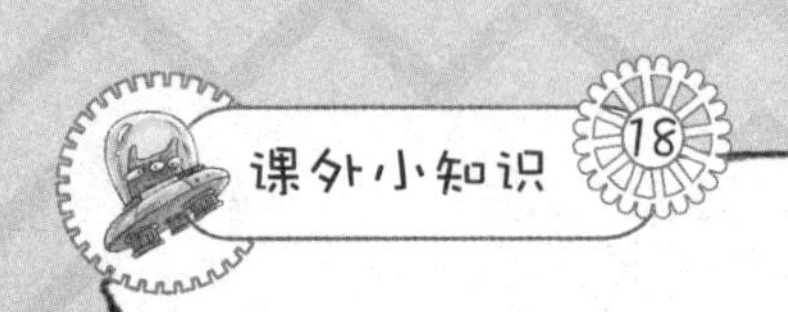

浮力

船在水面航行，鸭子在水上游动，木块漂浮在水面上，这些物体都有重量，为什么能漂浮在水面上不下沉呢？它们在水中受到一个向上托举的力。那么，铁榔头掉到水里会下沉，石块丢到水里也会下沉，这些浸没在水里的物体有没有受到向上托举的力呢？

我们抬头望向天空，天空中飘浮着云。氢气球也可以飘浮在空中，那么这些飘在空中的物体是不是也受到向上托举的力呢？

是的，浸在液体或气体里的物体受到液体或气体垂直向上托的力就叫做浮力。

想一想

小朋友，浮力非常常见。仔细观察和感受，鸡蛋在水中会往下沉，但是如果你往杯子中加入盐，注意观察，当加入一定量盐的时候，鸡蛋是不是会浮起来？想一想，并在网上查查资料，你觉得浮力的大小与哪些因素有关？

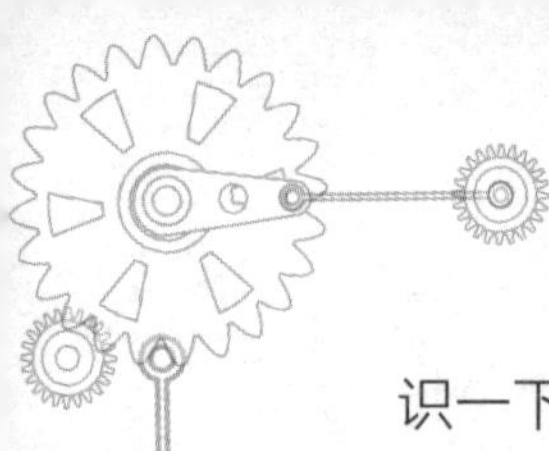

识一下真正的科技力量！”今川狂笑着说。他指挥机械怪物又踏出一步，突然，机器怪物左脚踩上了润滑液，它脚下一滑，带着今川向一边摔去。庞大的身躯摔倒在地上，一时起不来。

“快！快！快！”孔德林满头大汗地上着螺丝，盛物箱的最后一块挡板终于装上了。贾斯汀站在热气球的驾驶位上，拼命按上升键，可是热气球还是纹丝不动。

“这可怎么办啊？！”图水大声问。

“扔掉多余的东西，减轻重量。我们超载了。”贾斯汀大喊。

曾小胖听了，终于忍不住大声哭起来。没错，她还带着一个大包包，包包里有她的饼干、巧克力、奶茶，她囤了好多天的零嘴啊！

今川也一头汗地操纵机器人站了起来，他发誓非得把孔德林活捉回去。他梦寐以求的图纸啊！

机器怪物重新站了起来，它把手高高伸了起来。

热气球的箱子里，曾小胖咬牙把她视为命根子的大包包扔了出去，就在这一刹那，热气球终于摇摇摆摆地升了起来。

而那只机械手却怎么也升不高，没办法够着热气球。今川眼睁睁地看着一群人腾空而起，气得捶胸顿足。

他恨恨地说：“孔德林，我不会放过你的。”只有

今川自己知道，他的机器怪物空有让人恐惧的外形，其实，没有按照真正的图纸来设计，山寨的东西永远都是不值当的 low 货！

半空中，经过了惊魂逃亡的七人都激动地拥抱在一起。热气球晃晃悠悠向着甲信国飞去。

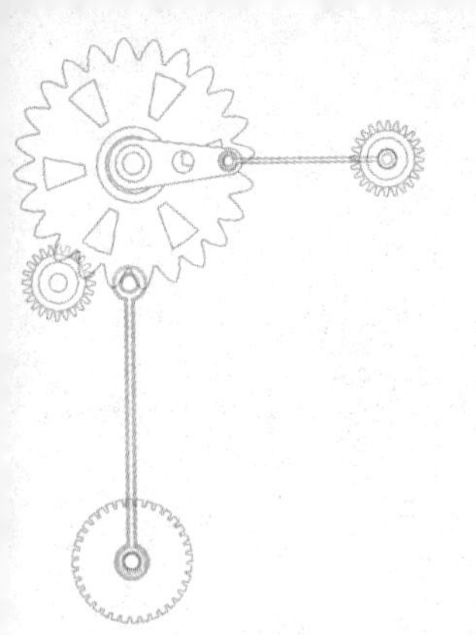

9

真正的机甲战士

深蓝的天空中，几点繁星在闪烁，暗白的云层缓缓飘动。夜风轻拂，微微的凉意将一行人在生死逃亡中激起的热血慢慢抚平。

孔德林拍着热气球的边框感叹："啊！夜色真是美！在这里观看星辰，想想都是浪漫。小胖，头上的星座你认识吗？"

"我有点饿了。"小胖想着刚才扔掉的大包零食，心都在滴血，看啥都没心情。

"这有啥？待会儿等到了甲信国，哥请你吃个够。"

"高兴得太早了吧！"克里斯从来擅长给孔德林泼

冷水。“晚上飞热气球并不安全，当然，我们逃命就不说了。一般热气球（课外小知识19）都是在早上或者傍晚起飞，这时候的大气层相对平稳，能见度高。热气球最怕风和雨，遇上乱气流就完了。热气球没有方向器，最后去了哪儿得风说了算。我们还是祈祷老天帮忙吧！还有，燃烧热气球需要能源，小胖，你这个热气球带的燃气够吗？”

克里斯一口气说一大串，末了，用看白痴的眼光看着孔德林。德林王子受到这样无声的鄙视，内心充满伤痛。

“哇，克里斯，真的吗？”曾小胖崇拜地看着克里斯，“你懂得真多。”

“喂，我读书少，你别骗我！”看到曾小胖和贾墨崇拜地望向克里斯时，孔德林极不爽地吼。

“好了，好了。”贾斯汀一边听着，一边插嘴。“克里斯说的没错。我们临时逃命，也顾不了那么多了。燃气现在还够用，等过会儿天亮了，要准备着陆，补充能源。这段时间，希望没风来添乱。”

可惜，福无双至祸不单行，像是要专门跟大家唱反调一样。刚才还是微微的凉风，转眼就变成了大风。风势突变，卷着热气球往高空上蹿，七人一下被甩在箱子底站都站不起来，唯有死死抓住边框。

要命的是，风助火势，热气球内的空气温度一下就升高了，浮力大增，带着大伙儿向上空蹭蹭猛蹿。图木

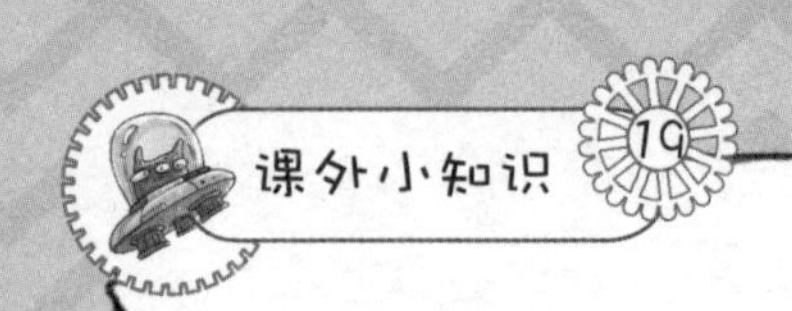

热气球

气球内的空气温度升高，热空气质量变轻，这时气球受到的浮力大于自身重力，合力向上，使气球上升。这是热气球上升的物理原理。

十八世纪，法国造纸商蒙戈菲尔兄弟进行了热气球的一系列试飞实验，并于 1783 年 11 月 21 日下午，在巴黎穆埃特堡进行了世界上第一次载人空中航行，热气球飞行了二十五分钟，在飞越半个巴黎之后降落在意大利广场附近。

现在,世界很多地方都有乘坐热气球游览的项目。小朋友你们想去体验吗?

试一试

小朋友，很多旅游景点提供了热气球游览城市的项目。你们可以查查资料，看看到底有哪些地方可以乘坐热气球。乘坐热气球又应该注意哪些安全事项。如果你想去乘坐热气球，试着在下面的方框里写下自己的乘坐计划吧！

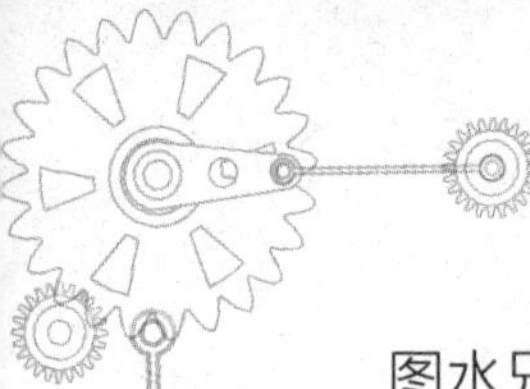

图水兄弟俩死死抓住四边的绳子，企图稳住热气球，可是一切都是徒劳的。在上升的过程中，众人耳边尽是猎猎的风声和失重的感觉，曾小胖和克里斯吓得撕心裂肺地尖叫起来。

“大家镇定！把自己的衣服全都穿在身上，包好头部。”贾斯汀顶着狂风大喊，“风太大，热气球要失控了，我要熄火，让气球的高度降低。你们抓稳了。”

贾斯汀说完，一把关掉热气球的喷火器。

随着气球内部气体温度降低，热气球又迅速从高空下降，失重的体验让大家像在坐云霄飞车。下降一段后，贾斯汀感到风力似乎减小，又赶紧点火给气球内部的空气加热，使热气球重新缓慢地爬升。几次三番起起落落，这只热气球犹如风中飘零的树叶，早已失去方向，只能听从风的心愿了。

暗淡的云层开始出现一丝金边，天空渐渐出现了浅蓝色，只留几颗星在天幕上闪着光。折腾一晚上的众人实在没有了力气，好在耗尽最后一丝能源的热气球也成功地降到距离地面三米的地方。最后，哐的一下子，热气球的筐子硬着陆了，啪嗒一声翻到在地。七个人七手八脚地从装人箱子里爬出来，根本没有力气站起来。

贾墨扶着一棵小树狂呕，几次三番的失重体验，让他没有半丝力气。

“老大，这是哪里啊！”孔德林有气无力地发问。

曾小胖看着被撞得变形的热气球，忍不住“哇”的一声哭了出来。这么多天一来，被囚禁时的害怕，逃跑时的惊心动魄都没有让她如此伤心。一想到最终带在身边的秘密武器都毁掉了，小胖忍不住失声痛哭。

克里斯拍拍她的肩，说道：“没关系，只要这里还在，一切会好的。”说完，克里斯指指曾小胖的大脑。“东西都是可以造出来的，只要我们有脑子。”

贾斯汀也被气浪颠得浑身无力，不过，想到自己肩上的责任，无论如何，要把大家安全带离这里啊。贾斯汀清点了身边的物品，谢天谢地，指南针、图纸、瑞士军刀，这些野外生存的必需品都在。

好在热气球掉落在一条小河边。虽然一时半会儿也分不清这到底是哪里，但只要有水，大家都能活下去。贾斯汀指着河流的方向说：“我们顺水走到下游去，先走出这片树林再说吧。”

小河顺着地势向前流淌，平静蜿蜒的河水似一条柔滑的丝带，河水中偶尔能见到几条嬉戏的鱼。小河的两岸静谧极了。风吹过树林，发出沙沙的声音，树林中不时传出几声鸟叫，可惜谁也寻不见鸟儿的身影。大家埋头走路，一时没有人说话，似乎觉得一开口就破坏了这仙境般的画面。

“我觉得这里好熟悉的感觉。”孔德林憋不住，最先开口打破了宁静。

“我也觉得。树跟首都的很相似。”图水接口。

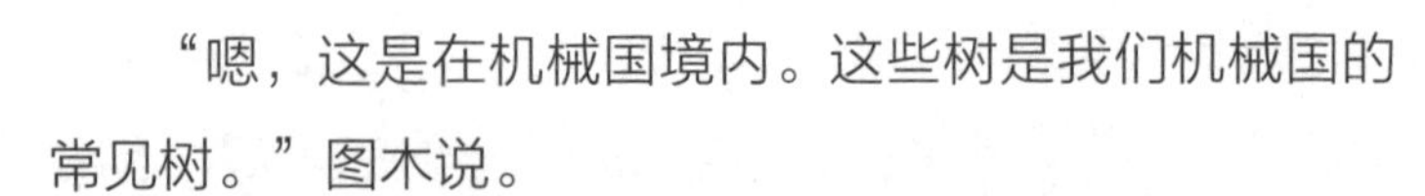

“嗯，这是在机械国境内。这些树是我们机械国的常见树。”图木说。

“你们看啦，好像有人家！”贾墨突然叫了起来。

大家顺着他手指的地方看去，这才发现，小河在前面树林那里拐了弯，河道变窄了，水流也变急了，发出哗哗的水流声。一座小小的木桥架在小河上。河对岸，一架小型的水车竖立在河边，将清亮的河水引流到一座人工渠里。河水顺着人工渠流入一个小池塘，小池塘里已经盛开着粉红的荷花，池塘边还有一丛丛芦苇，在清风的吹拂下轻轻摇荡。

不远处，在绿树的掩映下，青瓦白墙的小屋露出小小的一角。不用说，这里有人家了。小屋后面的山坡空旷处，还立着高高的风车，想不到，这里竟然有风力发电机。

再仔细看小屋的房顶，微微反射着阳光，原来房顶不是

普通的琉璃瓦，而是一层太阳能板。（）

贾斯汀远远看着，不由得脱口而出：“这里一定住着科学家，全是利用生态能源，我要去好好拜访他。”

一行人兴奋地来到小屋前。一位和善的老者出现在门口。一下子见到这么多人，老人有些惊讶。贾斯汀正想着怎么跟老人介绍自己，还没等他开口，老人目光直盯着孔德林，迟疑地问：

“你是……德林，孔德林？”

简直就是剧情出现神转折。原来逃命的一行人，好不容易遇到一处世外桃源，心里七上八下，不知道遇到的是福是祸。大家以为，也许是哪位科学家隐居在这里，研发新产品。当然，也可能是今川一行人的秘密研究所，但是，谁也想不到小村庄里遇到了旧相识。

可是显然，被老人一口叫出名字的孔德林处于一头雾水中。他结结巴巴地问：“我……我是。可老人家，您是……”

“唉！一言难尽，一言难尽……”老人摇着花白的头，一边感叹，一边将大伙儿招呼进了房间。

“我就是今川啊！孔德林，你小时候我还抱过你。”老人一开口，大家伙儿瞬间呆住了。本来正要往椅子上坐的孔德林一听这话，又站直了身体，张大嘴盯着老人，想从他花白的头发，满是皱纹的脸上盯出点年轻时的影子来。可惜，孔德林并不认识老人，只能徒劳地盯着他。

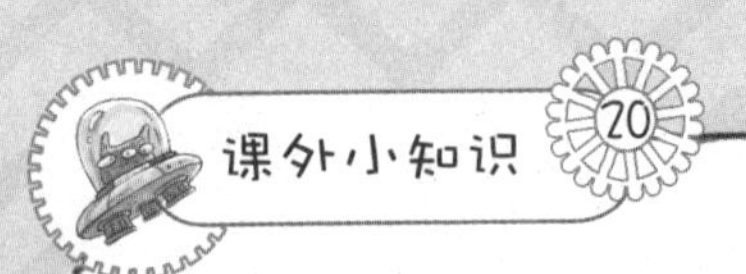

太阳能

太阳是一个巨大的“核能火炉”，它的内部时刻发生着核聚变。太阳向外辐射的能量中，只有极小的一部分传递到地球。但就是这极小部分的能量，却是我们今天所用大部分能量的源泉。目前人们主要是间接利用太阳能，所以一直在设法寻找直接利用太阳能的办法。现在，人们通过使用太阳能电池把太阳能转化为电能。

现在，人们已经制造出太阳能汽车，太阳能飞机等等，但这些都还处在实验阶段，还不能投入到大规模的商业应用中去。因为太阳能电池价格高，每个太阳能电池产生的电压低，这些原因使得太阳能还不能大规模地应用。

想一想

小朋友，在我们的生活中，太阳能电池主要应用在小电器上，因为它们的工作电压低，耗电少。

请仔细找找你周围的小家用电器，还有你的玩具，看看哪些使用了太阳能电池，把你找到的电器写在下面的方框里吧。

老人摆摆手，继续说起自己的经历。

在我们这片土地上，四个各自为政的国家组成了联邦，大家各有自己的优势，所以一直以来，表面上相安无事。我们机械国又分散成几个部落，各自以“力”为特色来发展。所以，我们机械国的人是最擅长利用“力”的。可是，太专注于一种力量必然导致发展的不平衡。我们各个部落都把自己部落的特长当作秘密武器，不肯相互共享，这样导致整个机械国的科技发展滞后。

我一直想要设计一款机器人，这个机器人能把我们各个部落的特长融合在一起。这个机器人还需要利用天然能源，把天然能源转化为电能，这样设计出来的机器人才可以充分发挥整个能源国的优势，促进各个地区的交流，让科技力量为所有的人创造福利。

当然，这是我的美好想法。老国王非常支持，德林的父亲也跟我一起研究开发这个项目。

这个项目已经进行得差不多了，只是怎么把天然能源转化为机器人可用的能源这一点始终没有突破。

在机械国首都附近，有一座活火山。20多年前，那座活火山正好进入活跃期。我也想看看，那里是不是有天然的能源可以利用。

这个项目一直是秘密进行的，因为我们担心有不怀好意的人利用这些研究成果。所以，我借口打猎游玩，和德林的

父亲带着小队人马进山了。我当时觉得火山考察太危险，不能让朋友冒险，就独自进山。就当我进入山里考察时，一伙黑衣人将我挟持。他们抢走了我随身带着的设计图纸，并威胁我配合他们，将这个机器人改造成机器战士。

讲到这里，老人哽咽起来。

我是人民的罪人啊！那些别有用心的人提到机器战士，给我敲了当头一棒！我这才意识到，这样的机器人如果落在这些人手上，一定会成为杀伤力很强的武器，野心家为了这样的武器,还会想尽办法去掠夺别国的资源。

所以，我坚决不肯听从他们的建议。这群人自称来自“时之狭间”，我到现在也不明白这是个什么地方。这些都不重要，这群人并不在意我是不是答应他们的要求，他们有很多特殊的本领。这群人的首领竟然冒充成我的样子，我到现在还记得他的话，他对我说：“你这个今川，现在和死人没有分别，从今以后，我就是今川。”

老人说到这里，停顿下来。

孔德林赶紧插话。他告诉老人，这个假今川回到机械国，一开始，老国王和他父亲确实没有怀疑，但后来，他的种种行为都表明，他已经变成了另外一个人。所以，老国王果断把今川赶出了机械国。不过，他父亲始终坚持认为，赶走的今川是冒名顶替者，而他的朋友今川，

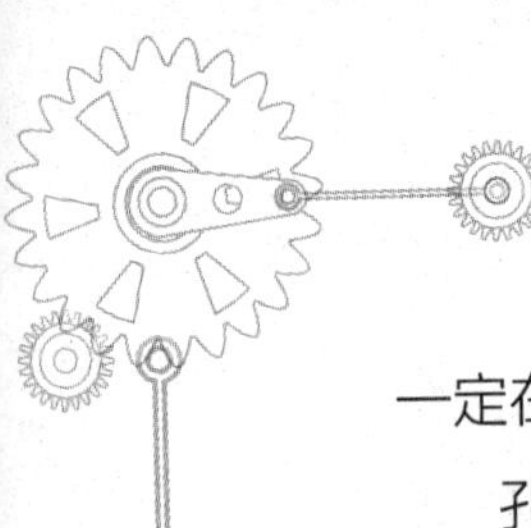

一定在某个地方，他坚持找了很多年，始终没有找到。

孔德林的话让老人涕泪纵横。过了好一阵，他的情绪才平静下来。

他接着对大家讲述他的遭遇。那群人放松了对他的限制，他也趁机逃了出来，可是山很大，凭他一个人，没有指南针，没有其他工具，根本走不出山里。他沿着山里的泉水，找到一处洞穴。在那里，他把自己关在洞穴里，想到自己的设计可能成为伤害人的武器，他就心灰意冷。在山洞里，他待了很长一段时间，本来想放弃生命，可是最终他还是决定要设计出更精密的机器人，完成他当初的心愿，用科技来为人类造福利。他要设计出让能源国和平富强的机器人。

于是，他把自己的设计图刻在了山洞的洞顶上。后来，有一支探险队发现了这个山洞，把他带了出来。这支探险队是齿轮部落的探险者，也是进这座火山来进行科学研究的。他们告诉他，机械国首都发生了好些奇怪的事，机械国的今川将军竟然是个卖国贼，被国王赶出了首都。所以，今川将军没有提自己的身份，只说自己是个进山考察的科学家，遇到了危险。最终，他跟随齿轮部落的人来到这个偏僻的小村庄，隐姓埋名，想着自己的遭遇，整天生活在自责中。

老人说完，长叹一声。

“叔叔！今川叔叔！”孔德林激动地叫着老人，“您可不能放弃啊！您当年留在山洞顶上的设计图，我已经画下来了。您看！”孔德林把贴身带着的图纸交给老人看。

今川这才从大家的叙述中知道了事情的来龙去脉。当他听完他们的遭遇后，沉吟片刻才说：“据我看，假今川是想分裂我们机械国，甚至挑拨能源联邦国之间的关系。照你们说的来分析，他的机器怪物虽然投入战斗，但一定没有攻克能源这个难题，所以他的机器怪物是用传统电池做电源，这样就需要反复充电，不可能长时间战斗。而我设计的这个机器人最关键的一环是要把天然能源转化成电力，让机器人获得持续的动能。如果这一点能做到，我就有把握对付假今川的机器怪物。”

贾斯汀一听，对着今川老人竖起大拇指：“姜是老的辣！我们刚在河对面时，就注意到，您老的房子外面全是对天然能源的转换装备。我就知道，这里一定住着一位科学家。听您这么一说，能源如何转换这个问题，您一定已经思考出来了。”

今川老人对贾斯汀赞许地点个头：“你都看出来了，小伙子，你不像我们这里的人啊！你们是……”

孔德林一听，迅速接过话题，三句两句把贾斯汀、贾墨和克里斯的来历一一说给今川老人听，今川老人边听边点头，嘴里不停地赞叹：“年轻人，好啊，敢想敢做！”末了，今川老人拍着孔德林的肩说：“德林，四翼奇探是用科学技术为大家创造福利的队伍，你们年轻人真是不简单！我老头子今天绝对不会再退缩了，我会帮你们建造一个新的机器人，打败那个造假者！”

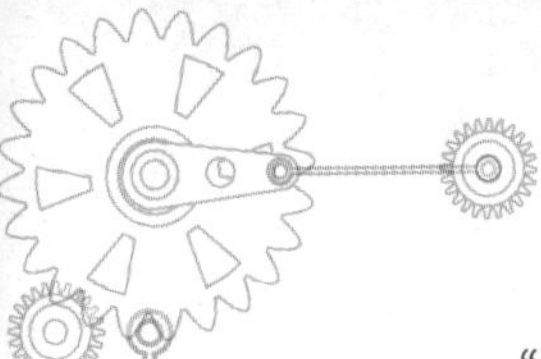

“噢！”大家都开心地欢呼起来。

今川老人把大家带到他的实验室，实验室里有一幅更精密，更大的设计图。今川老人指着设计图给大家详细安排下一步的行动方案。

在这张设计图前，孔德林他们才真正理解了今川老人心中的机器人是什么模样。

这个机器人有由精巧的齿轮组成的传动系统。（课外小知识21）大大小小的齿轮组合在一起。

“哇。”克里斯叫起来，“这得要多少齿轮啊！而且，并不是所有的齿轮都能组合在一起，要把齿和齿对起来，可不容易啊！”

“呵呵！”孔德林挥挥手，说：“小意思，这是齿轮部落，什么样的齿轮没有？这里部落首领可是我的死党啊！”

今川老人一笑，又讲解机器人的第二个重要部件——马达。马达通过电磁感应带动起动机转子旋转，转子上的小齿轮带动发动机飞轮旋转。这样的马达能把电能转化成动能，驱动机器人。

“这个我知道哪里有！”贾墨兴奋地接着说，“磁力国的当当王子最擅长做马达。我在他的实验室里见过。当当跟我说过，马达要由上好的材料制作，里面还要安装磁铁和导线。马达的输出动力也有大有小。这得根据马达的转速来选择。有的马达每分钟能转几万圈，有的甚至几十万圈。马达接入端连接电源，连接电源的正极或负极决定马达转动的方向。当电力不足时，马达的转速也会不同。”（课外小知识 22）

贾墨一口气说完，忍不住咽了口唾沫。他得意地飞了克里斯一眼，那意思是，讲理论，他也有会的时候。

今川老人看着大家，眼眶忍不住有点潮。这群年轻人带给他的感动和兴奋让他一时还没有适应过来。他低头飞快地用指尖擦了一下眼角，转头对贾斯汀说：“年轻人，谢谢你。是你的到来，让我看到我们能源联邦的希望。齿轮、马达，以及这个机器人需要的太阳能板，我相信你都能带着大伙儿找齐全，你也一定能根据我的图纸组装成机器人。这个机器人，就叫做机器战士吧！它不是带来战争的战士，而是让我们几个国家联合起来，合理利用能源，共同创造福利的战士。”

贾斯汀点点头，对今川老人说：“走吧，我们这就去寻找这些零件，打造真正的机器战士。”

齿轮

我们周围有各种各样的机械，有的复杂，有的简单。不管哪种机械，都展现了人类的智慧，不管多么复杂的机械，都可以从中找到构成它们的基本元素——杆、轮、链条等。

齿轮是一种简单的传动机械元件，它的轮缘上有齿，能连续啮合传递动力。齿轮的运用范围很广泛，生活中最常见的就是自行车的齿轮盘和链条。自行车的动力传递装置就是由齿轮盘和链条组成。脚蹬踏板，齿轮和链条将动力传递到花盘齿轮上，带动车轮转动。

想一想

小朋友，只要你仔细观察，你会发现很多机械装置中都有齿轮的身影，像机械时钟，发条玩具，当然还有你平时骑的自行车。

选一个你熟悉的机械装置，研究一下里面的齿轮结构，在下面的方框中画出来，体会一下齿轮的运动情况。

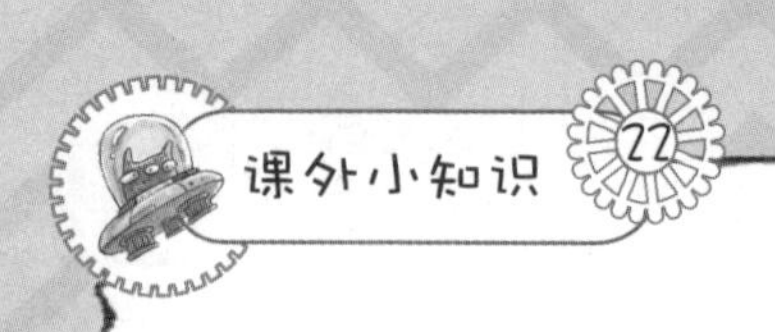

马达

英语 motor 的音译，就是我们常说的电动机、发动机。这是非常重要的部件。机床、水泵，需要电动机带动；常见的家用电器像风扇、冰箱、洗衣机等都需要电动机来驱动。

给电动机通电，它就能够转动。这是为什么呢？

电动机由两部分组成：能够转动的线圈（转子）和固定不动的磁体（定子）。电动机工作时，转子在定子中飞快地转动，以此驱动电器工作。

想一想

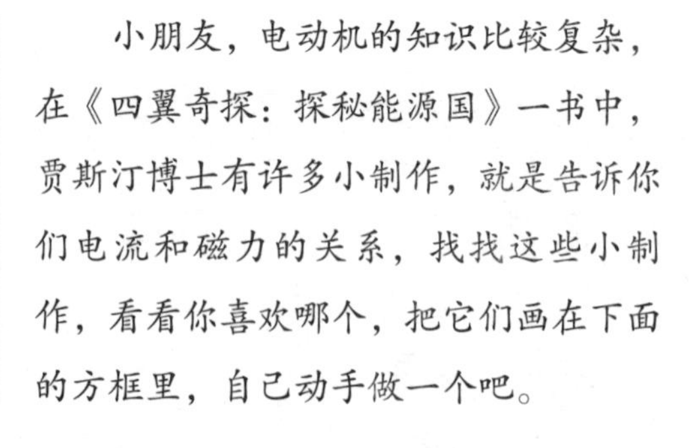

小朋友，电动机的知识比较复杂，在《四翼奇探：探秘能源国》一书中，贾斯汀博士有许多小制作，就是告诉你们电流和磁力的关系，找找这些小制作，看看你喜欢哪个，把它们画在下面的方框里，自己动手做一个吧。

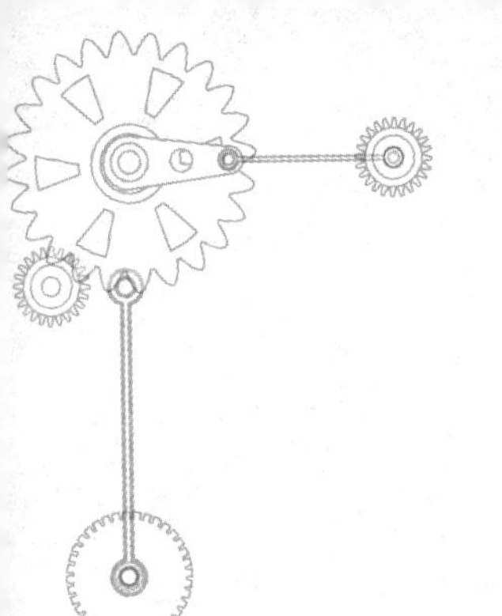

10

原创才会胜利

这几天机械国的首都炸了锅。首都的居民每天都胆颤心惊。因为新闻里说，在首都城外出现了一个机器怪物，力大无穷，叫嚣着要冲进城里。国王紧急派出了军队与机器怪物作战，战争已经进行了三天三夜，可是军队还是没有把机器怪物赶走。

“报告！”

“进来！”图水威严地命令道。

“报告长官，我们一连士兵已经按长官的意思和机器怪物周旋，耗尽它的电量。现在，机器怪物已经不能出战了。”

“好，下令休整。”

“是！”士兵双脚一碰，果断转身出去执行命令了。

图水这才转头过来对图木说：“大哥，我们已经按德林王子的意思周旋三天了，不知道王子他们什么时候才能赶过来。”

图木一笑，对图水说：“我相信王子他们一定会在最短时间内，带给我们大惊喜！”

那日，今川老人把真正机器战士的图纸交给贾斯汀和孔德林。孔德林决定派图木和图水赶回首都，将真相告诉国王，让首都做好准备，应对假今川的突然袭击。

而孔德林自己，则和贾斯汀他们一起，陪同今川老人前往齿轮部落、磁力国、能源国寻找他们需要的零件。临走前，孔德林郑重地对图木和图水说，假今川现在狗急跳墙，一定会不要命地反扑。他的机器怪人虽然厉害，但就是个山寨货，拖住它，顶住它的进攻，跟它周旋，等它电量一耗尽，就跟废铁一样，没什么可怕的。四翼奇探这次一定会制造出真正的机器战士，在最短的时间内赶回来，保卫家园。

战斗已经持续三天了。图木和图水兄弟俩率领士兵，利用地形与假今川的队伍周旋。机器怪物的强大战斗力让大家吃尽了苦头，但是图木和图水一想到孔德林

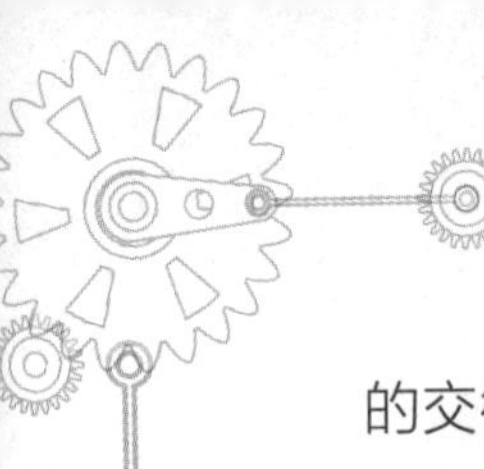

的交待，想到身后首都城里的居民，硬是咬着牙顶住了攻击。

第四天，久攻不下的假今川彻底疯狂了。他带了十个蓄电池和机器怪物一起出现在战场上。

假今川高叫道："你们听着！我已经识破了你们的战术。今天，我把所有的电池全部搬到战场上。士兵们，今天的战斗不许退后，一举攻破首都，机械国就是我们的了！"

说完，今川鸣枪示意机器怪物攻击。图木和图水手心里都捏着汗，看来，今天这场恶斗是免不了的。

眼看着自己的士兵已经不能抵挡机器怪物的进攻了，生命才是最可贵的。图木想着，打算命令士兵撤退。

突然，空中传来一阵号角声，大家伙儿都仰头看过去。

一只巨大的热气球出现在战场上空。热气球上站立着一群人，这到底是哪方的人呢？

图木和图水一见这从天而降的热气球，激动地挥舞手臂，大喊："德林王子回来了！德林，德林！机械国必胜！"

听着他的呼声，士兵们都士气大振，纷纷举着手臂高呼："机械国必胜，机械国必胜！"

假今川听了，鼻子都给气歪了，他大叫道："今天，你们一个也别想跑。"

假今川操作机器怪物的巨大手臂，打算将图氏兄弟

活捉。这时，一个机器人从热气球上一跃而下，“哐、哐、哐”机器人迈着稳健的步子，一步一步向机器怪物走去。

“假冒分子，出来受死吧！”机器人打开扩音器对着假今川喊话。假今川一看这个机器人闪光的铠甲，心里没来由地发怵。他硬着头皮，指挥机器手应战。刚开始的时候，假今川虽然战斗得十分吃力，但勉强还能招架，可是，随着时间一点一滴地过去，假今川的机器怪物露出了外强中干的一面。它的动作越来越缓慢，步伐也没开始时那么灵活。“砰”，只听一声巨响，机器战士用强壮的金属手臂重重地给了机器怪物一拳。机器怪物踉跄地退后两步，一下子摔倒在地，爬不起来了。

图氏兄弟一挥手，士兵们一拥而上，将假今川捆了个结实。

“啪！”机器战士的驾驶舱打开，今川从里面从容地走了出来。他走到假今川面前，冷冷地看着他，说：“假货就是假货，山寨的永远不是正品的对手。你们的阴谋早该结束了，走，带回去，好好交待你们的目的。”

孔德林这才带着大家重新回到机械国的首都。

“父亲，这位才是真正的今川将军，他并没有死。”

“什么，今川……”国王的声音激动得发抖。他走过去，仔仔细细看着今川老人:“今川，你可终于回来了。我知道的，你是怎么也不会伤害你的国家，伤害你的朋友的。”

两位老友紧紧地拥抱在一起。

夜色里，喧闹之后花园显得格外宁静。沉浸在兴奋中的人们还在大厅里欢笑，为今天的胜利举杯畅饮。而花园的草丛里，虫儿在鸣叫，似乎也在为胜利欢歌。

“嘿！我已经问出来了，那个假今川来自一个叫“时之狭间”的地方。这个地方真是充满古怪。我决定了，我们四翼奇探下个目标就是这里！”这是孔德林兴奋的声音，他正眉飞色舞地告诉贾斯汀他打听到的新消息。

“喂！要出发探险的是我们，没有你，德林王子！你要乖乖留下来管理国家，继续读你的书！”克里斯不客气地打断孔德林的话。

“你……没有我的四翼奇探就是三脚猫，怎么可能把我扔下来，你们去行动。队长，我抗议！这是歧视队员！”孔德林不服气地吼了回去。

“哈哈哈！”大家都忍不住笑出了声。

在这个欢乐的晚上，谁也没有注意到，苍茫的星空中，

有一颗流星从天幕划过。

那个叫“时之狭间”的地方，此时正慢慢朝贾斯汀打开了门……

附录 本书课外小知识一览

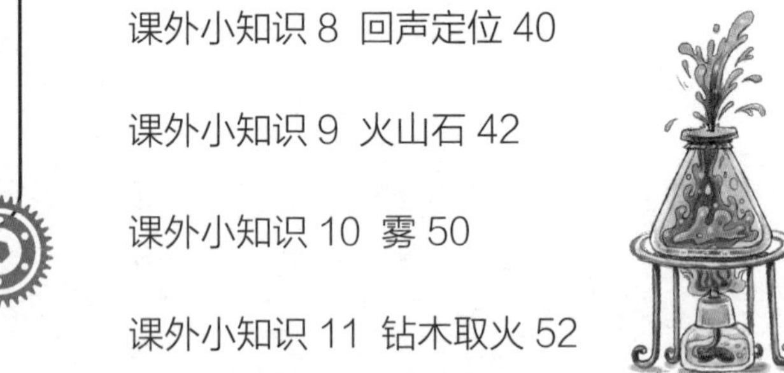

四翼奇探　探秘机械国

四翼奇探

探秘时之狭间

下册预告

时之狭间是一个时空错乱的地方。贾墨的爸爸是一位非常著名的天体物理学家。他发现，宇宙空间是一个一个平行世界，每个平行世界都有一个交叉点。每个平行世界可以被看作一条纵向的直线，而时间就是穿过这一个一个平行世界的横向直线。时间和平行世界交叉的那个点，就叫时之狭间。

时之狭间的一个首领不遵守平行空间的规则，擅自穿越到了贾斯汀所在的世界，这打乱了平行世界原有的秩序。于是，时间逐步变曲，说明在不同的时之狭间，都有一件原本应该发生的事情没有发生。

四翼奇探探险队新的冒险开始了，贾斯汀他们要一步一步，把已经逐渐开始变成曲线的时间线最终变回成直线，让各自的世界安好。

请看《四翼奇探：探秘时之狭间》

作者想知道 这本书里，我最喜欢的科学小知识是……

《四翼奇探：探秘机械国》这本书里，有勇有谋的机械国王子孔德林和他的伙伴四翼奇探科学探险队，穿越沙漠，寻找帮助机械国的办法。这一路，他们遇到了很多危险，但是依靠科学知识，他们克服了重重困难。这本书，告诉了小朋友生活中最常见的物理小知识。小朋友，你们有没有从中发现生活中有趣的物理现象呢？

来，把你从这本书中学到的知识整理出来，用自己的语言表达出来，或者画张图片，告诉爸爸妈妈，你学到了什么知识。

小朋友，赶紧来加作者的微信，把你的大作发给他吧！

公众订阅号：玩转科学工作坊

四翼奇探　读者微世界

姓名：　　　　性别：

年龄：　　　　年级：

QQ：

微信号：

请你来回答：

1. 你最喜欢小说中的哪个人物？
2. 你喜欢科学制作吗？
3. 你参加过机器人比赛吗？
4. 你想了解更多的生活中的科学知识吗？

来，加入“玩转科学工作坊”微信号吧，你会发现生活中处处是科学！

图书在版编目(CIP)数据

四翼奇探.探秘机械国/孔云峰等著.—上海:华东师范大学出版社,2015.8
(科学启示丛书)
ISBN 978-7-5675-4023-1

Ⅰ.①四… Ⅱ.①孔… Ⅲ.①机械-少儿读物 Ⅳ.①TH-49

中国版本图书馆 CIP 数据核字(2015)第 195409 号

科学启示丛书
四翼奇探
探秘机械国

丛书主编 杨元魁
著　　者 孔云峰 沈 韵 左 文
绘　　图 朱相东
责任编辑 刘 佳
责任校对 时东明
装帧设计 崔 楚
封面设计 付 莉

出版发行 华东师范大学出版社
社　　址 上海市中山北路 3663 号 邮编 200062
网　　址 www.ecnupress.com.cn
电　　话 021-60821666 行政传真 021-62572105
客服电话 021-62865537 门市(邮购)电话 021-62869887
地　　址 上海市中山北路 3663 号华东师范大学校内先锋路口
网　　店 http://hdsdcbs.tmall.com

印 刷 者 上海商务联西印刷有限公司
开　　本 889×1194 32 开
印　　张 4.875
插　　页 2
字　　数 74 千字
版　　次 2016 年 1 月第 1 版
印　　次 2016 年 1 月第 1 次
书　　号 ISBN 978-7-5675-4023-1/I·1427
定　　价 15.00 元

出 版 人 王 焰